少有人走的路

❼ 靠窗的床

[美] M. 斯科特·派克/著 (M. Scott Peck)

A BED
BY
THE WINDOW

图书在版编目（CIP）数据

少有人走的路. 7, 靠窗的床 / (美) M.斯科特·派克著 ; 张然译. -- 北京 : 北京联合出版公司, 2019.10（2021.2重印）
ISBN 978-7-5596-3134-3

Ⅰ. ①少… Ⅱ. ①M… ②张… Ⅲ. ①人生哲学—通俗读物 Ⅳ. ①B821-49

中国版本图书馆CIP数据核字(2019)第064815号

Copyright © 1990 M. Scott Peck. This translation published by arrangement with Bantam Books, an imprint of Random House, a division of Penguin Random House LLC
Simplified Chinese Edition © 2019 Beijing ZhengQingYuanLiu Culture Development Co., Ltd

北京市版权局著作权登记号：图字01-2019-3131号

少有人走的路. 7, 靠窗的床
A Bed by the Window

著　者：［美］M.斯科特·派克
译　者：张　然
责任编辑：肖　桓
封面设计：主语设计
装帧设计：季　群　涂依一

北京联合出版公司出版
（北京市西城区德外大街83号楼9层　100088）
北京联合天畅文化传播公司发行
北京中科印刷有限公司印刷　新华书店经销
字数180千字　640毫米×960毫米　1/16　16.75印张
2019年10月第1版　2021年2月第5次印刷
ISBN 978-7-5596-3134-3
定价：38.00元

版权所有，侵权必究
未经许可，不得以任何方式复制或抄袭本书部分或全部内容
本书若有质量问题，请与本公司图书销售中心联系调换。
电话：（010）64258472—800

| 中文版序

悬疑的背后，是人性的幽谷

读心理学大师斯科特·派克的作品，很多人都会涌起这样的好奇：如果将他笔下的经典案例集合在一起，让那些存在不同心理问题的人们彼此碰撞，会产生怎样的效果？这本《靠窗的床》，便给了我们答案。

故事以一名实习医生的视角展开，地点设置在一座护理院内。最先出场的是一位尿失禁的老人，她的奇怪之处在于她在护理院一切安好，可一回到家中，与儿子儿媳一起生活时就会尿失禁。不仅如此，她还一直坚称自己只有 37 岁。这究竟是怎么回事？

随着实习医生对真相的探究，一个个性格鲜明的人物相继出场，他们都带着自己的谜团——活泼热情的护士海瑟，是病人心中的天使，可她的儿时经历却像个魔咒，不断搅乱她的生活；病人史蒂芬具有超高的智商，并且心地善良，他关怀护理院里的每个人，却因此让自己身陷灾祸；另一位病人汉克为了追求异性，到处宣扬自己在战场上的辉煌功绩，但有一天人们发现，他真实的样子却截然相反。

随着故事展开，悬念一个接着一个抛出，令人欲罢不能。你会惊讶于斯科特·派克讲故事的天赋，更会震撼于他对人性的剖析之深。他用小说的形式，赋予心理个案以全新的生命，并由此做出了前所未有的尝试，让人性的不同侧面在同一空间内碰撞，最终形成了精彩纷呈的心理群像。

掩卷沉思，我心中不由冒出这样的感受：悬疑的背后，是人性的幽谷；而人性的幽谷，是生命的厚土。

如果我们能够冒险进入这片厚土，就能吸取最隐秘、最肥沃的力量，活出内在的光亮。正如尼采所说："人其实跟树是一样的，越是向往高处的阳光，它的根就越要伸向黑暗的地底。"

生命最好的礼物，是开悟。

而深入幽谷，追逐阴影，既是一条悬疑之路，也是一条开悟之路。

或许，这就是"靠窗的床"这个书名的寓意所在。

床与窗，都是隐喻。

床，是睡觉的地方，暗示大多数时候，我们的生活如同在床上睡觉，并不是很清醒，甚至迷迷糊糊。我们活着，却不知道为什么而活。我们愤怒、恐惧、抑郁、尿失禁，甚至杀人，却不知道为什么会这样，就像一位诗人所写："我做过爱／却不知道／什么是爱。"

人之所以对自己的行为缺乏意识，是因为自己局限于意识中。我们的意识就是我们的围墙，而绝大部分行为动机却在围墙之外，那个被叫作潜意识的地方。正因如此，被困于墙中的我们总是无知无觉。不过，幸运的是，无论意识的围墙多么高大坚固，都有隐藏不住的地方，在本书中，斯科特就借由一个梦，充分阐释了这一点。

故事里有位叫佩特里的警探，他思维缜密，能力超群，但在破案过程中，他却始终被同一个噩梦困扰：梦中的他在粉刷墙壁，刷完之后，却总会发现墙上还留有污渍，他在梦中将墙刷了一遍又一遍，但污渍有增无减，这令佩特里异常愤怒和抓狂。

终于有一次，梦中的他为了寻找污渍的源头，用撬棍凿开墙壁，跨进了隔壁的房间，他看见，在房间肮脏的地面上有一个浴缸。浴缸的出现让他从梦中惊醒，他终于意识到了污渍从何而来，也揭开了心中隐藏多年的可怕秘密。

佩特里在梦中粉刷的，正是意识之墙，但无论如何粉饰，墙后始终会有力量逼迫他面对真相。而他穿墙而出，其实是为自己打开了一扇窗，凿出了一条通往人性幽谷的通道。

这本书既是悬疑小说，也是深入潜意识、剖析深层行为动机的心理学著作。如果将潜意识比喻为深渊，那么，当你凝视深渊时，深渊也在凝视你，而这样的凝视本身就已怵目惊心、扣人心弦，更何况还是人物命运的转折点。在书中，有人因为深入潜意识的深渊而获得了救赎，也有的因为被深渊吞没而走上了危险之路。

读这本书，我体会最深的有四点——

一、事出反常必为妖。所谓"妖"，就是咄咄怪事。但任何匪夷所思的事情背后，必有其心理根源。我们对内心挖掘得越深，越会发现许多惊心动魄的秘密，而这些秘密过去一直被自己忽略，或想要掩盖。正因如此，它们才会表现得扑朔迷离，充满悬疑。

二、无论是墙上的污渍，还是人性的污点，你永远无法抹掉，只会越抹越黑，以至于由一个点蔓延成一大片，侵蚀整个人生。唯一的破解办法是接纳，穿墙而过。

三、在密不透风的意识之墙内，每个人都需要凿一个洞，开一扇窗，给意识一个出口，给潜意识一个入口。

四、一个人的缺陷本身就是一个洞，或一扇窗，比如那位老人的尿失禁，但通过这个洞和窗，我们就能钻进人性的幽谷，在黑暗的地底，寻找到光明的力量。

涂道坤

目 录
CONTENTS

1. 乔治娅归来　//　001
2. 实习医生　//　005
3. 轮床上的巨人　//　011
4. 西蒙顿夫人　//　015
5. 规范小姐　//　019
6. 威罗·格伦大剧院　//　023
7. 天使的秘密　//　027
8. 欲火　//　032
9. 柔软和顽强　//　038
10. 精英先生　//　043
11. 暴徒　//　048
12. 两个神经症患者　//　053
13. 暗流汹涌　//　060
14. 与治疗室的距离　//　068
15. 寄往监狱的信　//　073
16. 乔治娅的照片　//　077
17. 新室友露西　//　081

18.意外 // 085

19.围墙 // 089

20.剪刀下的史蒂芬 // 094

21.佩吉的爆发 // 099

22.警探佩特里 // 105

23.悲伤的威罗·格伦 // 112

24.科尔的牵绊 // 118

25.证人乔治娅 // 123

26.怀疑 // 130

27.交锋 // 136

28.目标：海瑟 // 141

29.火花 // 145

30.最后一夜 // 150

31.审讯到来 // 154

32.探望日 // 158

33.她们的秘密 // 163

34.重要的人 // 168

35.逆转 // 172

36.重回谋杀之夜 // 178

37.佩特里的挫败 // 182

38.麦克娅的箱子 // 187

39.海瑟的轨迹 // 190

40.汉克的噩梦 // 197
41.抽屉里的秘密 // 202
42.佩特里的请求 // 207
43. 揭晓 // 212
44.斯廷森的周旋 // 219
45.三个梦境 // 223
46.问题的答案 // 230
47.消失的方式 // 234
48.交替 // 239
49.佩特里的秘密 // 243
50.新生 // 248

1.乔治娅归来

再一次见到乔治娅,是她被送回威罗·格伦护理院的第二天。

之所以会和乔治娅单独见面,是因为护理院副主管麦克娅的一份报告。报告上面说,乔治娅的病情似乎又严重了,一个重要的表现就是,她失去了对时间的概念。

"那么,之前回家的那段日子,你感觉怎么样?"我和乔治娅寒暄着。

她抿抿嘴:"当然不好,儿子和儿媳都嫌弃我,说我把家里弄得一团糟。所以你看,我就像垃圾一样被扔了回来。"

关于乔治娅这段去而复返的经历,在和她见面的前一天我就听说过了,不过版本截然不同,讲述者正是乔治娅的儿子肯尼斯。

肯尼斯告诉我,三周前母亲乔治娅出院了,全家人以为一切就此恢复正常,但是从回到家开始,母亲就再次出现了尿失禁。

这让肯尼斯和妻子很意外，因为据他们所知，母亲住在护理院的时候已经完全可以自理了。但即使如此，他们还是毫无怨言地照顾着她，妻子马琳每天都要清洗被尿湿的衣服和床单，为母亲擦洗身体，给房间通风散味。虽然十分尽心，房子里却依然终日萦绕着骚臭味，整个家甚至都找不到一张干燥的沙发。马琳私下里还对肯尼斯说，在帮母亲换衣服的时候发现，因为总被尿液浸泡着，她身上已经长了褥疮。

肯尼斯实在无计可施，只好给护理院的院长西蒙顿夫人打了电话，西蒙顿夫人建议他赶紧将人带回来，于是，他便将母亲送回了威罗·格伦。

在威罗·格伦护理院待的时间久了，我自然知道疾病和衰老会带来微妙的心理变化，无论是对病人自己，还是他们身边的人。但我自认为今天谈话的目的，并不是评判别人的家庭关系，于是，我决定抓紧时间切入正题。

"我听说，你在做入院登记的时候，因为年龄问题，和其他人有了些分歧？"

听到我的话，乔治娅的眼神似乎躲闪了一下，但随即就神态如常了。"是的，他们原本并不想让我在场，但你知道的，上次我入院办手续的时候，他们背着我说了不少坏话，碰巧还让我听到了，我可不想这样的事情再发生。"

我点点头，乔治娅确实向我抱怨过那件事。

"至于昨天，"她继续说道，"那个叫什么'疯子夏威夷果'的女人，竟然怀疑我的年龄，不仅反复问了我好几遍，还当着我的面去问肯尼斯。她以为她是谁？我应该向西蒙顿夫人投诉她！"乔治娅越说越气愤，可见对昨天那一幕多么耿耿于怀。

乔治娅嘴里的"疯子夏威夷果"，就是威罗·格伦的副主管麦克娅，乔治娅背地里一直这么称呼她，我想这不仅是出于读音接近的缘故，还因为乔治娅确实不喜欢她。凡是乔治娅排斥的人，她都会给对方起个外号以示奚落，比如之前诊断她得了衰退症的医生，就被她称为"麻烦医生"。

我清了清嗓子，还是问出了那个敏感问题："现在你能不能告诉我，你的年龄到底是多少？"

乔治娅没有半分犹豫，她一脸真诚地看着我，语气笃定："我 37 岁。"

我没反驳，但忍不住深吸了一口气，这答案和她昨天给出的一样，看来麦克娅说得没有错，乔治娅的状况确实不容乐观。先是混淆时间，继而丧失记忆，最后陷入混沌，这样的情况在衰退症老人身上很常见。然而，我并没打算就此放过她，我还准备了"最后一击"，但这一招有些冒险，乔治娅很可能和我就此翻脸。

"如果你 37 岁的话，你能不能告诉我，你的儿子肯尼斯还有他的孩子，今年都是多大？"

乔治娅并没马上回答，而是慢慢挺直了自己的上半身，用一种充满戒备的眼光凝视着我，然后才开口道："你凭什么认为我应该为这些事操心？他们一次次把我扔到这儿，我为什么还要关心他们？"

和预想的一样，这场谈话在不太愉快的气氛中结束了。乔治娅起身告辞，就在她拉开办公室门的那一刻，我留意到了她的手。那是一双十分消瘦的手，上面爬满了皱纹和斑点，每一处都仿佛在默默地诉说自己的由来，静脉血管在手上蜿蜒曲折，看起来就像一根根蓝色的线。看得出，这双手的主人不再年轻，准确地说，她今年已经 76 岁了。

我送她来到走廊，并目视着她离开。她没有回头，也没有径直走向自己房间所在的 C 楼，而是转了一个弯，进入了与我办公室几门之隔的女卫生间。虽然她的背影有些佝偻，但步子从容不迫，身上的衣裙也都干燥洁净。很明显，她并没有尿失禁。

果然，一回到威罗·格伦，她的自理能力就奇迹般地恢复了。

2.实习医生

我是威罗·格伦护理院的一位实习心理医生。

半年前,我从医学院毕业。尽管父母很早就表示过,希望我能去华盛顿或者纽约,进入一家大型医院的精神科,可我却一个人来到了新华沙,应聘进了威罗·格伦护理院。父亲知道后勃然大怒,说再也不想看到我,母亲则表现得相当悲伤,仿佛我犯了什么无可挽回的错。

对于父母的反应,我早有预料。但我并非是为了忤逆他们,才故意来到新华沙,这一切,都要追溯到我大学时读过的一本书。

那是本叫《重生》的纪实文学,作者也是位心理医生,书里讲述了他19岁那年在福利机构打工时的一段经历。我被书中的故事深深吸引了,我迫切想要知道主人公——那个浑身瘫痪却无比聪慧的孩子——后来究竟怎么样了,但遗憾的是,我翻遍了学校图书馆的每个书架,都没能找到这本书的续作。

就在毕业前的两个月,我在一本杂志上看到一段文字:"史塔斯·科尔医生,一家私人心理诊所创办人,毕业于耶鲁大学心理学专业,曾著有《重生》……"后面的文字,我已经不记得了,因为在看到那个书名后,我几乎是本能地跳了起来。

从那一刻起,我的人生,注定会发生些奇遇。

毕业后,我如愿进入了科尔医生的诊所,成了一名实习心理医生。大概是因为我告诉过科尔医生,我对史蒂芬——就是《重生》里面的主人公很感兴趣,他专门联系了威罗·格伦护理院的院长西蒙顿夫人,让我去那里工作一段时间。事实上,从12年前起,史蒂芬就一直住在威罗·格伦护理院,并成了那里资历最老的病人。

对于我的职业生涯,家里人表示过失望,这失望不仅是因为我选择了小镇上的一家私人诊所,更因为我竟然还去了那所可怕的护理院工作。尽管威罗·格伦是全州最好的私人护理院,甚至在全国范围内也出类拔萃,但是,这并不妨碍人们对它充满忌惮。

在围墙之外的人眼中,威罗·格伦是一片禁忌之地,里面的每块砖都浸满了苍老、衰弱与死亡。似乎只有生命快要完结的人,才会无奈地来到这里,整日眼神浑浊地盯着天花板,等待最终时刻的来临。

"他们需要的是个可以做临终祷告的神甫,而不是心理医生,你不该去那儿,天天和一帮老家伙待在一起,这毫无前途可言。"我的父亲这样告诫我,而我的母亲,则把怨气指向了科尔医生,说他的安排太过荒唐。

好在，从我的中学时代开始，我对于父母的各种干涉就已经免疫了。他们的话并未让我低落，反而对能在威罗·格伦工作而感到雀跃。每天看到史蒂芬，经常和他说话，这绝对会是件很有意思的事。

就这样，我来到了威罗·格伦，开始和这里的人们打交道。他们都叫我文森特医生，这让我感觉不错，但是在最初的那段日子，连我自己都不知道能做些什么，科尔医生也没有给我任何指导。我去问西蒙顿夫人，她一边抽着雪茄，一边朗声道："你尽管按照自己的意思来吧，这里是威罗·格伦，人们巴不得有人和他们说说话。"

我就真的试着和病人们去谈话，果然，大部分人对我很亲切。他们似乎终于等到了一个愿意倾听的人，很快便滔滔不绝地讲述起来，尤其喜欢说自己年轻时的经历，比如参加战争的情景，或者被求婚的场面。当然，也有人对我十分排斥，甚至是无比厌恶。最典型的就是一位叫作蕾切尔的老妇人，每次和她见面，她要么一言不发，视我为无物，要么歇斯底里，用最难听的话咒骂我。不过，对此我并不难过，因为据说在她来到威罗·格伦的 8 年间，几乎从未和谁有过正常的交流，那些给她做近身护理的护士和护工们更是深受其害，每个人的身上都被她留下过牙印。

在所有病人里，和我最沟通无碍的，还是史蒂芬。

虽然因为他疾病的原因，我们"谈话"的速度有些慢，但也正因如此，我们的交流总是保持着很高的质量。在送走乔治娅后，我依然去找了他，在我看来，他可能比我更能参透那些有关乔治娅的困惑。

"我今天和乔治娅谈过了。"

"看 / 你的 / 脸色，谈得 / 不太 / 好。"史蒂芬用指关节敲击着木质字母盘，发出铿锵的声音，那些字母连成词，再变成句子，这也是史蒂芬唯一可以和人交流的方式。在我进入威罗·格伦的第一天，西蒙顿夫人叮嘱我的第一件事，就是尽快学会使用字母盘，这也是对护理院里所有工作人员的要求。

"是的，她坚持自己只有 37 岁，我想用她孩子的年龄逼她正视现实，但她马上结束了谈话。"

"她 / 一定 / 觉得 / 你 / 很 / 讨厌。"

我笑了："我想这是一定的。不过，除了年龄，有件事我觉得更奇怪。她的儿子告诉我，她在家的每一天都会尿湿裤子，但我刚才亲眼看到她自己去了卫生间，而且根据护士的记录，她回来后一直没有失禁过。"

"这 / 很 / 矛盾，对吧？同一个 / 人，一 / 方面 / 在 / 变好，一 / 方面 / 却 / 变差了。"

史蒂芬的话，让我忽然有了灵感，是啊，这确实很矛盾。按照她对自己年龄的认知，她的衰退症无疑是更严重了，可另一方面，她回来后立刻就不再失禁，这明明又是衰退症好转的迹象。

当两种意义截然相反的现象，同时出现在一个人身上时，意味着其中的某个现象，必然存在隐情。

我问史蒂芬:"你是觉得,其中的一个问题,是她假装出来的?"

"也许/是的,但/也许/连/她自己/都不知道/自己/在/假装,因为/很多/时候/人们/对自己的行为/完全/缺乏意识。"

我沉吟片刻,努力消化着他话中的意思:"史蒂芬,有时候,我觉得你比我更像个心理医生。"

"我/只是/比/一般人/有/更多的/时间/思考。"

本还想和他继续聊聊,但我看到护工佩吉拿着午饭走了过来,这意味着,史蒂芬用餐的时间到了。我只能放下字母盘,回到了办公室,独自琢磨着刚刚的对话。

如果乔治娅真的是在假装,那么,她究竟假装了什么?目的又是什么呢?

我迅速整理了一下所有信息,并做出各种假设。如果,她的尿失禁是假的,那也就意味着,她每天是故意让自己泡在肮脏腥臊的尿液里,并将家里搞得一团糟。她真的会这么做吗?我知道一些小孩尿床,其潜意识的动机,是想引起爸爸妈妈的关注,或发泄心中的不满,难道,乔治娅的尿失禁也是在表达某种心理需求,抑或另有隐情?作为一位养尊处优多年的老妇人来说,这种方式太不可思议了。

而如果,她对于年龄的失忆是假的,这又能为她带来什么好处?毕竟,她不会因为多说了几次,就真的变回 37 岁。如此说来,她在这方面假装也很没有意义。

无论怎么想，我都想不出她造假的理由。我翻阅着乔治娅的资料，想从中寻觅出蛛丝马迹。和这护理院里的大部分病人不同，乔治娅天生就是个宠儿。在战火纷飞的年代，她父母经营的农场幸运地未被波及，她从小就没体会过节衣缩食的滋味。婚后，她更是生活无忧，不仅丈夫是华尔街上一位成功的银行家，三个孩子成人后也都无一例外地步入了精英阶层：大儿子肯尼斯是注册会计师，拥有自己的事务所；小儿子成了出色的牙医；女儿也当上了一所知名中学的副校长。即便后来丈夫去世，她被肯尼斯从纽约接到了新华沙，但丈夫给她留下的可观遗产，也保证她能富裕地度过余生。

拥有如此人生的人，真的会在病情上造假？这让我疑惑不解，但同时，又忍不住有些兴奋——终于，我的工作内容不再只是听老人们讲陈年往事，我遇到了一个身上存在矛盾、疑团的老妇人，这很可能会成为我职业生涯中第一个有意义的病例。我可以发挥我作为医生的作用去治愈什么人，或者说，挖掘出什么隐藏起来的真相了。

我看看表，猜测史蒂芬应该已经吃完了午饭，于是准备再去找他聊聊心中的想法。在这座护理院里，甚至在我见过的所有人中，他是身体最孱弱的，但同时，也是精神最伟岸的，以至于我在威罗·格伦遇到麻烦时，第一个想去求助的总是他。

3.轮床上的巨人

史蒂芬是在 5 岁那年被科尔医生发现的。

彼时,科尔医生还只是个没从医学院毕业、暑假在残障机构打零工的学生。因为是新人,他理所当然地被分到了条件最恶劣的病房。

如果按照智力损伤的严重程度分级:智商 50 到 75 之间的是低能儿;25 到 50 之间的是弱智;低于 25 的则属于白痴。那么,科尔负责的这间病房,就是不折不扣的白痴病房。病房里的病人除了发出羊叫般的噪声外,完全没有语言能力和自理能力,科尔需要为他们每个人喂食,并清洁身体。

想象一下,在炎热的夏季,病房里缺乏换气设备,整间屋子都是排泄物的臭气,耳边还不断传来病人们此起彼伏的叫声,每一秒钟都是煎熬。但为了赚到足够的学费,科尔医生只能想尽办法忍耐下去,其中一个办法就是在护理病人的时候,试着和他们"聊天"。

说是聊天，其实只是场独角戏。每天上班之前，他会先想好一套特定的说辞，比如"我希望你今天能过得好"，或是"还没到七月呢，玉米就长这么高了"。他当然知道自己得不到回应，这只是给自己解闷而已，似乎这样一来，自己的工作就会更有意义。

一天，科尔去给史蒂芬·索拉里斯清洁身体，这是个5岁的小男孩，患有严重的先天性脑瘫，不会说话，不能动弹，此刻正全身僵硬地躺在床上。科尔随口对他说道："今天太热了，是不是，史蒂芬？""呃呃呃……"突然，这孩子发出了羊鸣似的叫声。科尔愣了一下，这是房间里20位病人中唯一给过他回应的人，但他转念一想：也许这只是个巧合吧。

稍后喂饭的时候，科尔想要再验证一下，于是问史蒂芬："今天晚上肯定会很冷，是不是？"这一次，男孩无动于衷。科尔马上改了口："我刚刚撒谎了，对不起，这只是个测试。外面其实要热死了，甚至比昨晚更热，是吗？"

"呃呃呃……"史蒂芬又发出了那种声音。

科尔无比兴奋地从病房中狂奔出去，因为他发现，这个小男孩竟然能通过某种方式，对某个特定问题做出回答。这天下班后，他又特意陪了男孩两个小时，到了凌晨一点的时候，男孩不仅学会了用不同的音调表达"是"和"不是"，甚至还学会了用不同的音调来回应不同的问题。

在《重生》里，科尔这样描述当晚的心情：

回家的路上，我一边开着家庭式货车，一边把手肘抵在车窗上。当燥热的夜风刮过脸颊，心中涌起了一种类似狂喜的感觉。我那时并不了解神经科学，无法判断那孩子是否能学会说话和读写，但是，却能确定三件事：第一，那孩子可以理解人类的语言；第二，在这基础上，他可以通过某些方式来与外界交流；而最重要的是，那孩子——史蒂芬绝不是白痴！

我想，科尔在那晚肯定不会想到，史蒂芬不仅不是白痴，而且智慧远胜常人。

正因为科尔的意外发现，史蒂芬很快被挪出了"白痴病房"，并有专人对他进行教育。史蒂芬11岁时，就已经掌握了不少大学阶段才会学到的知识，且求知欲相当旺盛，对外面的世界总是充满好奇。科尔曾经发动全校同学，从世界各地为史蒂芬邮寄来明信片，那是将近4000张明信片，张张风景不同。最先送达的两张来自新华沙，之后，邮寄地点不断辐射开来，上面的景色也越来越丰富：从芝加哥，到圣路易斯；从波士顿，到缅因州海岸；从美国大峡谷，到印第安人的悬崖石窟；还有英国湖区的村镇、阿根廷的草甸、古巴的雨林和肯尼亚内罗毕境内的兽群。

在那间小小的房间中，史蒂芬用一个暑假，就浏览了整个世界。但他创造的奇迹不仅于此，在离开残障机构前，他参加了智商测试，数值达到了135，而参与测试的心理学家认为，他的实际智商应该还要更高，毕竟身体上的不便会影响到测试结果。从某种意义上说，史蒂芬是个天才。

在史蒂芬17岁那年，经过科尔医生的协调，他来到了威罗·格伦，成了除西蒙顿夫人外，待在这里最久的人。史蒂芬在这里得到了很好的照顾，尤其是西蒙顿夫人，为了让每个新来的员工了解史蒂芬的故事，她甚至把《重生》第一章的影印件放进了他的档案袋，作为新人们的必修课。此外海瑟也对他格外关照，她是威罗·格伦最受欢迎的护士，年轻美丽，并且业务能力超群，自从3年前来到这里，就对史蒂芬悉心关怀，不仅是身体上的，还包括精神世界，她总会给他播放各种录音，以便让他跟上外面的世界，内容包括书评、音乐和一些其他课程。

但是对于这些录音，史蒂芬其实兴趣寥寥，他私下告诉我："有些/音乐/还/不错，但/那些/书评/和/课程，绝对/称得上/无聊。刚/开头，就/知道/下面/会/说/什么。"不过，他是不会将这些感受告诉海瑟的，因为他认为那样会伤害了她的好意。我想，即使是海瑟那样善良温柔的人，也探测不出史蒂芬内心的丰富，他就像是一座宝藏，安静地矗立在威罗·格伦的护士站旁的轮床上。

等我到达护士站的时候，发现史蒂芬轮床的位置空了，护工佩吉告诉我，海瑟带他去洗澡了。我犹豫了一下，并没有去餐厅吃午饭，而是转身走向了走廊的另一头，那里通向威罗·格伦的行政办公区。

按照西蒙顿夫人的习惯，她现在应该也没有用餐，而是待在她的办公室里，埋头于那似乎永远也做不完的工作。

4.西蒙顿夫人

一进到西蒙顿夫人的办公室,就闻到一股浓郁的烟草味道。果然,她一只手夹着点燃的雪茄,另一只手在便笺上快速写着什么。

看到是我,她热情地招呼着:"文森特,来,你先坐下,等我写完这段话。"

我在西蒙顿夫人的对面坐下,她的办公桌上堆满了五颜六色的文件夹,那是副主管麦克娅根据事情的紧急程度特意做出的区分。就现代化办公来说,副主管麦克娅确实是一把好手,但是威罗·格伦的灵魂人物,无疑还是此刻正在办公桌后奋笔疾书的西蒙顿夫人。

她是威罗·格伦护理院的管理者,也是缔造者。

25年前,她果断终结了自己的上一段婚姻,随即就搬来了新华沙,当时,这里还是个不起眼的小县城。很快,她在新华沙买下了一座维多利亚风格的老宅,加以整修后,老宅摇身一变,成了全国第一家私人护理院，这便是威罗·格伦的雏形。开业仅仅两个月，护理院内所有的床位就爆满了，西蒙顿夫人的商业才能得到了充分证明。但在那以后，她不得不开始了连轴转的工作——向银行申请贷款，向政府申请补贴，设法吸收慈善捐助。她孜孜不倦地做着这一切，以便让护理院的规模不断扩大，设备更加完善。终于，在经过十余年的努力后，她等到了梦想实现的那一天。当刷完了最后一桶油漆，威罗·格伦护理院正式落成，尽管此后国内各类护理院不断兴建，威罗·格伦却始终名声显赫。

西蒙顿夫人成了当之无愧的女强人，然而这一切自有代价。她不仅没有了同龄女性所拥有的惬意自在，连她的容貌，都因为长年累月地辛苦工作，而被夺去了圆润的轮廓。几乎每个初次见她的人，都会被她棱角分明的面孔和严厉的神情震慑住，由此揣测她是不是心情不佳，然而熟悉她的人都会知道，她的这种状态已经保持了10年之久。随着护理院备受关注，各种检查、审核与报告纷至沓来，这些本职以外的工作常让她疲于应付。

此时，西蒙顿夫人终于停下了书写，她将笔往桌子上一抛，长长地舒了一口气："真是不好意思，让你等了这么久。看看这些表格，税务委员会的、医疗保健委员会的、医疗补助委员会的、医学标准委员会的……我要是不抓紧处理，下一秒就会被它们埋起来。"

我理解地笑笑："没关系，我没什么要紧的事。"

她也笑了："别骗我了，年轻人，你找我肯定不是来闲聊的。说吧，遇到了什么麻烦。"

4.西蒙顿夫人

我把和乔治娅谈话的情况告诉了她,顺便说出了心中的疑惑:"是关于她的衰退症,我和她谈了一次,觉得她的病情不太对劲。准确地说,我怀疑她在伪装着什么,但又想不明白背后的原因。我想知道,您有没有遇到过类似的情况。"

西蒙顿夫人用力吸了一口雪茄,眯起了眼睛:"我做这一行25年了,见过太多出人意料的事情。人们总说人到了一定年纪后,就会活得通透,但根据我的经验,人是不会随着年纪增长就越来越真诚的。所以,你说乔治娅伪装,这很有可能,但为什么这么做,答案也只有她自己知道。"

"那您觉得,我怎么才能从她嘴里套出真话?"

西蒙顿夫人摇了摇头:"不,亲爱的文森特,如果你想知道真相,就千万不要逼问她。一个人如果决意隐瞒你,即使明知被你识破了,也会继续装聋作哑。"

我略微有些失望,我原以为,在西蒙顿夫人这里可以获得一些有用的建议。"那我应该怎么办?"我问。

"顺其自然吧。我知道,作为心理医生,你不愿放弃这个机会,但是经验证明,和有些人打交道时,并不是盯得越紧越好。等科尔医生度假回来,你或许可以找他聊聊。他对待病人很有一套,就像只猎豹,总是耐心等到机会,然后发起进攻。"

该去找科尔医生吗?我并不确定,但我能确定的是,继续询问西蒙顿夫人也不会再有什么收获了。

告别的时候,西蒙顿夫人将雪茄捻灭在烟灰缸里,再次拿起了桌上的笔:"真抱歉,我不能跟你聊得太久,这周我还要接待消防检查、食品检查和食品操作员检查，你是见过那些检查员的，知道他们有多粗鲁无礼。"

我表示自己"非常能理解"，然后，出门直接去了员工餐厅。比起大脑中模糊的猜想，此刻胃里的饥饿感倒是格外清晰。

刚刚吃到一半，余光就看到一个苗条的身影闪进餐厅，随后，耳边响起了由远及近的脚步声。一抬头，麦克娅已经走到了我的面前，居高临下地看着我。

"你和乔治娅谈过了吗？"她问。

我暗暗叹口气，看来，这顿饭注定会吃得不太愉快。"是的，关于她的衰退症，我确实发现了些疑点。不过目前情况还不明确，我还需要些时间。"我答道。

麦克娅皱起了眉头，显然对这个结论并不满意。"我刚看你从院长办公室出来，是为了这件事吗？"她继续问道。

我点点头。

"那西蒙顿夫人怎么说？"麦克娅几乎是在追问我。

"她说让我顺其自然，不要对乔治娅逼得太紧，或者可以咨询一下科尔医生的意见。"虽然心中犹豫了一下，但我还是据实以告。

下一秒，我清楚地听到麦克娅用力地吸了一口气，似乎要以此压制下自己的情绪。一阵沉默后，她面带微笑地说："是吗，她对病人总是这么仁慈。"然后，抱着怀里的文件夹转身走开，迅速消失在餐厅门口。

尽管麦克娅嘴上说着西蒙顿夫人"仁慈"，但我知道，这绝不是夸奖。

5.规范小姐

第一次见到麦克娅的时候,我就觉得似曾相识。

后来我明白过来,麦克娅太像职场杂志封面上的那些女性了——干练、利落,总是穿着整洁合体的套装,面带礼貌的微笑,连嘴角的弧度都永远一致。我曾经就读过一家有着"精英培训基地"之称的学校,里面的老师们几乎都是这个样子,我时常会产生幻觉,感到自己是在和一群批量生产的机器人对话。

大约4年前,麦克娅从俄克拉何马城来到新华沙,并应聘进了威罗·格伦。很快,凭着对计算机技术的精熟掌握,她被西蒙顿夫人提升为副主管,负责现代化办公和患者回访。

麦克娅本身是个漂亮的女性。她大约25岁,身材窈窕,面庞姣好,褐色的头发光滑柔顺,一丝不乱。每个工作日的早上,她都会穿着一尘不染的衬衣和罩衫,准时出现在威罗·格伦的行政办公区,为员工布置一天的任务。在管理方面,她确实很有一套,在她制定的规章之下,所有员工都像是庞大机器上的精密部件，有序运转，最高效率地发挥着自己的作用。我每次经过行政中心，都能听到一片噼啪作响敲打键盘的声音，却几乎听不到他们交谈。

除了管理员工，麦克娅的工作也时常要和病人与家属打交道，在这方面她做得也如同教科书一般规范，无论面对的是谁，遇到什么情况，她都能笑容得当，措辞得体。我经常有种感觉，"规范"这两个字对麦克娅而言，并不是不得不去遵守的条例，而早已是她身体中融为骨血的一部分，被深刻写进了她的程序，她对于一切井然有序的事物，都有着发自肺腑的热爱。

然而奇怪的是，尽管她工作无可指责，人也生得漂亮，可是在私下里与病人聊天时，我发现他们并不喜欢麦克娅。乔治娅叫她"疯子夏威夷果"，在病人中很有声望的格瑞丝夫人叫她"冷冰冰女士"，就连汉克——那个见到女性就变得异常亢奋的家伙，提起麦克娅来也是直撇嘴。可比起这些更为让人诧异的是，所有病人里对麦克娅最友好的，竟然是蕾切尔夫人。

尽管这位老妇人总会咒骂工作人员，还一次次将护工和护士咬伤，但是只要一面对麦克娅，她就会变成一个正常人，不仅从不会发动攻击，还能平静地回答对方的一切问题。没人能想通她们之间有着怎样的奇怪磁场，不过相比之下，麦克娅对待蕾切尔却很一视同仁，礼貌的微笑背后，保持着并无二致的距离感。

至于麦克娅的私人生活，那更是一个谜。没人知道她是否有男朋友，是否有心仪的对象，连她喜欢的异性类型、过去的情史大家也一概不知。如果非得要拼凑些信息，那就是她确实没有结婚，并且好几次休假的时候，都会有人看到她开车离开新华沙，还有人在假期的最后一天晚上，见过她的那辆小丰田车疾驰在返回新华沙的高速路上。然而，谁也不知道她去找了谁，或是去做了些什么，她就像是一堵严密的石头墙，将自己不想被人知晓的信息，包裹得严严实实。

不过，就算她再会隐藏，有两件事却是明明白白的——对于西蒙顿夫人，她并不喜欢；对于史蒂芬，她更是心存不满。

比起麦克娅将规范视为生命，西蒙顿夫人实在是有些太随意了。西蒙顿夫人喜欢抽雪茄，办公室里总有经久不散的烟草味道，而且她不喜欢职业装，一年中大部分的时间都穿得像刚刚逛完菜市场，此外，对于那些表格、汇总、报告她也总是怨声载道，以应付的态度去面对。但更让麦克娅不悦的，恐怕就是她对待病人的宽容了。麦克娅曾经说过："威罗·格伦里三分之一的病人都不该住进来，尤其是那个轮床上的家伙。在护士站旁边摆一张轮床，简直不像样。"

就在几天前，我曾目睹过一次她和西蒙顿夫人间的交流。

那次是麦克娅来给西蒙顿夫人送报表，西蒙顿夫人显然对这位副手的效率欣赏有加。她亲昵地直呼对方的名字："罗伯塔，你这辈子有没有做过什么没效率的事啊？"

麦克娅茫然地看了她一眼，诧异地说："有谁会愿意做没效率的事呢？"

"比如……比如说'浪漫'，浪漫的事一般就不怎么有效率。罗伯塔，你长得很迷人，最近有没有交男朋友？有没有出去约会？"

"我有约会。"麦克娅回答道，语气礼貌而冷淡。

西蒙顿夫人只能转移了话题："对了，我有个好消息。州康健办公室的人打来电话说，他们已经批准了史蒂芬购买电脑的申请。最快在六周后，我们就能拿到这项拨款。你在给他做评估的时候，能不能顺便通知他，如果运气好的话，在复活节前，他就能拿到电脑了。他一定会很高兴的。"

"我会告诉他的。"麦克娅的语气没有一丝波澜。

"噢对了，等钱到账，还需要你去给他买电脑呢。你知道的，我就是个电脑白痴，在我认识的所有人里，你才是最棒的电脑专家。"

西蒙顿夫人夸奖着她的特长，大概认为这样对方一定会很高兴。然而，麦克娅却无动于衷，脸上毫无喜悦的神情。最终，西蒙顿夫人轻轻叹了口气，挥手示意她可以离开了。

"有时候，我真希望自己也能把事情处理得这么井井有条；但下一秒，我又暗自庆幸自己不是这样的人。"在那次尴尬的交谈后，西蒙顿夫人这样说。

6.威罗·格伦大剧院

等我又回到护士站的时候，史蒂芬已经回来了，正躺在轮床上闭目养神。或许是洗澡让他倍感愉悦，他的面色微微呈现出红晕。

我刚要开口和他说话，海瑟就走过来阻止了我："文森特，史蒂芬有些困了，他需要睡一会儿。"我点点头，识趣地从轮床边走开，走到了护士站，伸手拿起那本记录着患者日常情况的笔记。

不出所料，在中午的这段时间内，乔治娅依然没有出现过尿失禁。而以她的年龄来说，饭后正是容易尿频的时候。

大概是因为好奇，海瑟也把头伸了过来，看到我盯着乔治娅的记录表，她轻轻笑了一下："你也发现了，对不对？"

我一惊："发现什么？"

"乔治娅，她不太对劲。"

"史蒂芬告诉你的？"我下意识地认为，刚刚她在为史蒂芬洗澡时知道了些什么。

海瑟却显得很讶异："不，你为什么这么问？我们刚刚……并没提她的事。其实，在她第一次来这里的时候，我就发现了，你见过她和家人见面时的样子吗？"

我顿时明白了海瑟的意思。

我确实见过乔治娅一家相处的样子，每两周，肯尼斯和妻子马琳就会来威罗·格伦看望自己的母亲。当然，每一次见面的流程都差不多，先是乔治娅大肆抱怨儿子把她送来了威罗·格伦，继而是肯尼斯和马琳不得已地低声道歉，随后，乔治娅会就孩子们刚刚的态度冷嘲热讽一番："你们要是真的觉得抱歉，就不会把我送到这个集中营了。"通常，肯尼斯这时会提出一些补偿措施，比如为乔治娅的房间单独装一部电话，以方便她和家人联系，但乔治娅总会冷笑一声："要说多少次你才能明白，我让你做我的法定代理人，可不是为了把钱花在这些没用的事上面。"

我经常可以看到肯尼斯满脸通红地坐在病房里，显然，他在强压着心中的怒气。但即使如此，在分别的时候，他们依然会进行一场很有仪式感的道别——肯尼斯和马琳弯下腰、屈下膝，乔治娅在他们的额头上依次亲吻，仿佛他们还都是乖巧的小孩子一样；接下来，肯尼斯和马琳也如法炮制，恭敬地轻吻着母亲的脸颊，仿佛她是世界上最慈爱的老者一般。如果单看这一幕，你一定会觉得这是和睦的一家人，但如果看过整场见面，再知道他们背后对彼此的抱怨，则会感到这结尾异常滑稽。

海瑟说得没错，乔治娅身上确实存在着很多不对劲的状况，她对于年纪的认知，她时有时无的尿失禁，她与家人每一次刻意的道别……但仔细想想，在威罗·格伦，这样魔幻的场景何止发生在这一家人身上。比起乔治娅家的小摩擦，蕾切尔和她丈夫的每次见面，则堪称一场大战。

蕾切尔今年 82 岁，因为糖尿病的关系，她双腿自膝盖以下早就做了截肢手术。8 年前，她的丈夫把她送到了威罗·格伦。说起她的丈夫，在新华沙几乎尽人皆知，他是一家知名企业的董事长，虽然已经退休了，但是依然在公司拥有着绝对的话语权。他不仅坐拥财富，而且很善于交际，在各个领域都有朋友。

每个周六傍晚的六点半，蕾切尔的丈夫都会准时出现在妻子的房间，从而引发对方长达一个小时的咒骂。蕾切尔会用你能想象的最大分贝，让她的声音不断回旋在威罗·格伦 C 楼的走廊里，态度比对待护士和护工还要恶劣百倍：

"你这坨下流的马粪！人面兽心的东西！一坨臭屎！"

"他们都以为你是个人物，但是他们都不了解你，都不像我一样了解你！他们都不知道你是只癞蛤蟆！"

"你是从下水道爬出来的烂货！浑身都是屎和鼻涕！你个王八蛋！"

但这场战争始终是单方面的咆哮，那位被骂到狗血喷头的丈夫总是一言不发，安静地坐在妻子床头，等她骂够一个小时后，就站起身整理一下自己做工考究的西装，走出病房。

就在上个月的一次探望后，海瑟特意在走廊里追上他，劝他以后不要再来了："很明显，这样的会面不仅不愉快，而且毫无必要。之前我的同事们也劝过您，挨骂应该是件很难过的事，您真的没有必要每周过来。"

而那位老绅士却言之凿凿："可是我爱她。"那语气，似乎在说一件显而易见、无可置疑的事。

"但恕我直言，您的探望不仅没能帮到她，反而让她很不高兴。"海瑟说道。

"没有我，她会死。这就是我的责任。"

海瑟并不认同对方的话："她现在已经住进护理院了，我们可以帮您分担大部分责任。"

老绅士不耐烦地眯起了眼睛，口气坚决地宣布："她需要我！"

果然，下周六的傍晚六点半，一切一如既往。据说，这种状况已经持续了几年之久，几乎成了威罗·格伦的一种惯例。没有人能阻止蕾切尔的咒骂，就如同没有人能改变乔治娅的奚落和抱怨，以及其他病房中循环往复的戏码。这些场景定期必定上演，风雨无阻。

我敢说，世界上的每一座护理院都是一座大剧场。这里出现的各种亲情羁绊、夫妻和谐、家庭美满，有多少是发自内心，又有多少只为做做样子，只有当事人自己知道。每一处让外人疑惑不解的剧情，背后都有着属于整个家庭的秘密，就像是藏在舞台下的齿轮，我们只能看见上面的高低起降，却看不到齿轮们是如何彼此咬合、一起作用，才出现了如此出人意料的效果。

7.天使的秘密

经过海瑟的提醒,我将思路从乔治娅身上,延伸到了她生活的环境中。虽然暂时还没能解开她身上的谜团,却找到了彼此呼应的地方。我不得不佩服海瑟的目光敏锐,她不愧是威罗·格伦的明星护士。事实上,在这所护理院内,不仅是在她工作的C楼,几乎全院的病人都尊重并喜爱她,他们称她为"威罗·格伦的天使"。

海瑟的年纪和麦克娅相仿,而且同样有着迷人的容貌,她天生一头浓密的黑发,目光明亮,流动着青春的神采。但与麦克娅不同的是,海瑟的性格十分热情,就像是炽热明亮的阳光,那是一种真实的温度与活力,仿佛伸出双臂就能抓在手里。病人们很喜欢和海瑟聊天,她也乐于分出自己的时间,去让病人们心情舒畅:

"蒂姆,你的大动脉今天通过血吗?"

"贝琪,我打赌你昨天把药藏在舌头底下吐掉了,不然血压为什么又高了。"

每个上班的日子,她都神采奕奕地和病人打着招呼,说些调节气氛的俏皮话,她所到之处,总能瞬间变得热闹起来。海瑟所在的C楼,是威罗·格伦中收治症状最轻病人的地方,一旦病人情况恶化,就不得不转去专门看护危重病人的A楼和B楼。很多病人在离开C楼后,一直对海瑟念念不忘,甚至在弥留之际,还会请求院方让她陪在身边。

在我来威罗·格伦的第一个月,就被安排与海瑟一同去为病人"送行",因为西蒙顿夫人认为作为一名心理医生,面临死亡是必修课。我还记得,那位油尽灯枯的老妇人在海瑟怀中不断饮泣,眼泪不断从她凹陷的眼眶中涌出,仿佛一生的泪水都在这一刻流尽了。她告诉海瑟,自己并不是因为伤心才哭,反而正是因为有着很好的一生,所以才会依依不舍,她最后的愿望,是希望孩子们能比自己活得轻松。海瑟则一直把她抱在怀里,轻轻摇晃,仿佛在照看一个弱小的婴儿:"你是这么可爱。"海瑟在她耳边低语,"这么可爱,这么甜美,这么优秀,这么仁慈。"

这个过程持续了很久,在海瑟的轻声低语中,老妇人渐渐闭上了眼睛,咳喘声也变得越来越轻。在某个瞬间,海瑟突然停下了喃喃细语,然后,她让怀中的身体平躺在床上,并泪光盈盈地为对方盖上床单。看到这里,我明白老妇人已经逝去。海瑟最后理了理老妇人的衣服,并在她前额吻了一下,这是一个充满感情的吻,她们在生死之界依依惜别,每个动作都无限温柔。

经过那一次送别后,我理解了为什么病人们如此喜爱海瑟,

7.天使的秘密

甚至极度依赖她。她确实懂得怎么抚慰别人，而且发自真心，并无虚假，对于一个垂暮的老人而言，还有什么能比这更重要的呢？也正因为太受欢迎，海瑟成了全护理院唯一配有两名护工的护士，虽然这只限于白天时段。只有这样，才能在她被其他病区叫走时，维持 C 楼的正常运转。

然而，在海瑟无限热情的背后，却有着一个秘密。

在威罗·格伦，除了海瑟外，知道这个秘密的只有两个人——院长西蒙顿夫人和我。

事实上，我第一次见到海瑟，并非是在护理院内，而是在科尔医生的诊所。她在诊所里的身份，是一名神经症患者。

海瑟大概是一年前开始去找科尔医生的，因为她对自己的感情生活十分困惑。海瑟很早就开始了恋爱生涯，然而，却从来没有一段感情能有善果。海瑟说，那些男人最开始还算有趣，但是没多久就会露出丑恶的一面，他们变得冷漠无情、自私自利、言语粗鲁，并且到了最后，无一例外都会对她使用暴力。海瑟搞不懂，自己为什么总会遇到烂男人："我交往过的男人都是蠢货，每个都是。"她希望，心理医生能够给出答案。

几次治疗后，科尔医生发现，一切都源于海瑟根深蒂固的"轨迹"，而这还要从她的童年说起。海瑟的童年并不幸福，父亲是个酒鬼，不仅败光了家中的钱，还经常家暴，海瑟从来没体会过半分父爱。母亲虽然不会打海瑟，却一直对她漠不关心，只会整日木讷地凝视着窗外，用药膏不断涂抹自己身上的瘀青，其他女孩成长中司空见惯的睡前故事、亲子时间、全家游玩，从没出现在海瑟的童年。

总是目睹父亲对母亲施暴，自然让海瑟感到了恐惧，但一个更严重的影响则是，让她渐渐萌生了一个观念：婚姻就是这个样子的，女人找一个暴戾的丈夫，是天经地义的。

正因如此，海瑟找的每一任男友，都是以她的父亲为蓝本——他们性格粗粝，有暴力倾向，以自我为中心，丝毫不懂得尊重别人。面对男友的轻视，她从不抗议，除非对方出手打她，否则她不会主动结束恋情，而事实上，好几段恋情也确实是在对方的拳头中破碎的。这是海瑟的轨迹，可是对于自己的这一轨迹，她却缺乏意识，毫不知情，下一次爱上的男人还是同一类型。

很多在暴力家庭长大的孩子，都容易出现这样的情况，他们不仅缺失了爱，也扭曲了对于爱的概念。尤其是女性，如果有个爱施暴的父亲，她们很容易把暴力误以为是爱的表达方式，煎熬其中，直到实在忍受不了的那一天。她们生活在往日的惯性中，不是因为喜欢，只是因为熟悉。熟悉让她们觉得安全。

虽然科尔医生早已洞察了一切，但海瑟的治疗并没有因此变得顺利。表面上看，她见科尔医生的频率非常固定，每个月一次，一年来从无缺席或迟到，严格恪守着规矩。但在科尔医生看来，她并不是真的积极配合，一个明显的证据就是，每次讲述自己的遭遇时，她的语言能力就会瞬间枯竭。没有细节，没有渲染，没有感情，甚至连语气的变化都没有，三言两语就结束了。

与之形成鲜明对比的是，每次她说起护理院里的其他人——从史蒂芬到格瑞丝，甚至是蕾切尔和那位欲火焚身的汉克，都能描述得活灵活现、声情并茂，让人时而捧腹，时而热泪盈眶。

"她很害怕讲述自己的遭遇，准确地说，很害怕面对受到过的伤害。而在看心理医生这件事情上，她表现得也相当矛盾，一个她想要解决自己的问题，另一个她反而不想。"科尔医生这样说。

遇到问题，这本身就是一种痛苦，解决它们的过程又会带来新的痛苦。在心理诊所，经常可以见到海瑟这样的病人，他们是主动来到这里的，也是真心寻求帮助，但到了需要解决问题的时候，表现出的恐慌和逃避，也是真的。而世界上所有的心理治疗都有一个大前提，那就是必须先解决"忽视问题"这一问题，才可能进行到下一步。

说到底，心理治疗，就是鼓励人说真话的游戏，这需要心理医生具有敏锐的洞察力，分辨出哪些是真话，哪些是谎言。

但正如西蒙顿夫人说过的，科尔医生就像只猎豹，他总能在冗长的治疗中找到突破的缝隙，或许正因如此，他才有能力在新华沙拥有唯一一所私人心理诊所。

现在的海瑟，就是一只躲藏起来的兔子，一旦松懈，洞穴外就会有股力量长驱直入，瓦解她所有的防御。

8.欲火

我问海瑟，是否还注意到了乔治娅的其他异样，海瑟歪着头，很认真地想了想，却也说不出什么了。的确，乔治娅跟任何工作人员都不太熟，她不喜欢和人聊天，而且总是爱抱怨和讥讽人，所以无论是护士还是护工，哪怕是海瑟这样热情的人，都不愿和她多打交道。

说来让人意外，乔治娅在威罗·格伦唯一一次主动与人打交道，竟然是关于史蒂芬。那还是她第一次入院的时候，不知道是因为心血来潮，还是太过好奇，她问了海瑟关于史蒂芬的情况。海瑟推荐她读了科尔医生写的那本《重生》，还教会她使用字母盘，这样以后她就能直接和史蒂芬沟通了。不过，乔治娅手中的橄榄枝还未真正抛出，就迅速枯萎了。海瑟说，她很快就将《重生》还了回来，并且抱怨"没什么意思，根本读不下去"，而在与史蒂芬简单说过几句话后，她再也没有拿起过那块字母盘。

我向海瑟道了谢，然后回到了自己的办公室。坐在椅子上，我梳理了一下这一天的收获——

和乔治娅谈话，虽然谈话不欢而散，但证实她确实丧失了时间概念，同时，也发现了她回到护理院后，不再尿失禁了。

去找史蒂芬，他提示我，乔治娅身上存在矛盾。

我分析后认为，乔治娅很可能在伪装着什么，而背后的目的是她不能直言的，或者她自己尚未意识到。

找西蒙顿夫人求助，她告诉我，想要知道真相，就不要跟得过紧。这真是个让人迷茫的建议。

告诉麦克娅取得的进展，她很不满意——说起来，和她的谈话真算不上有什么收获。

海瑟提醒我留意乔治娅和家人的关系，这让我感觉到，乔治娅的异常早有预兆。

我在笔记本上写下这些条目，忽然感觉，自己就像个侦探。对于心理医生来说，工作过程确实和探案差不多，只不过，我们的最大对手不是凶残的匪徒，而通常正是那位躺在沙发上向我们求助的患者。

对于乔治娅的调查，此刻似乎陷入了僵局。史蒂芬、西蒙顿夫人和海瑟虽然都给了我些提示，但只凭这些细小而散乱的碎片，我依然无法拼出答案。我从抽屉里拿出一张表格，那是威罗·格伦全体病人的名单，我的眼睛不断在 C 楼的名单上搜寻，希望能够获得灵感。

最终,目标锁定在了一个名字上。

在 C 楼,这个人和乔治娅的关系最为密切,然而,他们并不是朋友,甚至可以说,乔治娅十分反感对方的存在。

那是一位叫作汉克的老人。他矮小瘦弱,皮肤红润,留着一头红色的短发,还长着个圆胖的鼻子,几天后,他就要迎来自己的 80 岁生日。因为得过脑溢血的缘故,他的左脚略微有些跛,所以整天拄着一根拐杖,但其实人们都知道,他不用拐杖也能走得很快。拐杖对他的意义,更多是用来装点门面,为他增加那么一点点的绅士感。

在威罗·格伦里,确实住着几位和蔼的老绅士,他们就像是我小时候看的美酒广告上的那些老者,慈祥、平和且富有智慧,但汉克绝对不在其列。他最喜欢做的事,就是围着护理院里的女人们打转,据说在乔治娅回来的当天,他就赶过去大献殷勤,然后,不出意外地被狠狠奚落了一番,连门都没踏进去,就被轰走了。

虽然汉克总会和乔治娅打交道,但严格意义上讲,他算不上是乔治娅的追求者,因为只要是异性,他就忍不住要去找机会揩油,连向来对病人和善的海瑟,也因为不胜骚扰而斥责过他几回。汉克因此有了个绰号,叫"欲火焚身的汉克",对此他倒是并不介意,甚至还有点沾沾自喜,认为这证明自己并不老,还有能力去找些乐子。

在汉克的描述中,他曾经是个了不起的战斗英雄。早在珍珠港被偷袭前,他就加入了加拿大皇家空军,很快,军方注意到了他在飞行方面的天赋，晋升他为中士，再后来，作为一名战斗机飞行员，他乘船抵达英国，并为了保卫海岸沿线而与德国人英勇作战。他说自己曾驾驶战机参加过多次惊心动魄的空战，一次，他以一己之力同时与三架敌机周旋，还有一次，自己机翼的支架被德军机枪打坏了，但他还是艰难地完成了迫降。因为这些军功，后来每当他走进部队餐厅时，所有的人都会站起来，并向他鼓掌致敬。

不过，对于汉克的讲述，威罗·格伦的人却不买账。西蒙顿夫人告诉我，从他的简历上看，他确实入过伍，但经历与战斗英雄相去甚远，甚至可以说正好相反；病人们虽然不知道汉克的简历内容，但是从他轻浮造作的言谈举止，很快就断定他是在吹牛，偶尔有病人在第一次听他讲故事时被唬住了，但不出一个月，就会一脸嫌弃地评论道："那个欲火焚身的谎话精又来了，我真是一句也听不下去了。"

坦率说，要从这么个信口开河的人身上打听出些有用的消息，我不敢太抱希望。不过，此时也只有他有可能成为突破口。

我是在休息室找到的汉克，他虽然已经高龄，但精力却依然旺盛。别的老人都会在下午打个盹，唯独他总是精神矍铄地到处闲逛。

汉克虽然一直不受欢迎，但他身上有一个特点，对接下来的这场谈话很有帮助，那就是足够直接——追女人如此，吹牛也如此。我问汉克，是否觉得乔治娅这次回来后有些变化，他马上点头："当然有，她对我比之前更冷淡了。她回来的当天，我好心地去欢迎她回来，要知道，威罗·格伦只有我会对她这么好，结果她一点都不领情，不仅把我拒之门外，还说我'只是想把脏爪子放在她身上'。她真是冤枉我了，要知道，为了见她，我特意去好好洗了手。"

"要知道"是他的口头禅，他之前跟我说过，绅士说话都会有个口头禅，因为这样会显得更加慢条斯理。

"所以，你确实想要这么做吗？"我问，"想把手放在她身上？"

汉克一副不以为然的表情："这有什么不对吗？要知道，我是真的很想她，一心一意想要追求她。"

我内心苦笑一下，虽然汉克马上就要80岁了，但很显然，他并不懂得真正的"追求"是什么意思。

"你们还聊了什么吗？"

汉克瞥了我一眼："医生，你现在的样子真像个警官。"不过，他却并未止住话头，"我跟她聊了聊我参加过的空战，就是我在北大西洋上驾驶梅塞施米特战斗机的那回，她似乎不太想听，不过我理解，女人嘛，是听不懂那些战斗术语的。最后我说，我们年纪都不小了，应该抓紧时间享受生活。"

享受生活？汉克脑中的享受生活，恐怕只有男女之事。我暗自这么想着。

"然后……"说到这里，汉克忽然停住了，皱起眉头，眼珠微微转动，似乎在心中默默确认着什么，"然后，她说了句话，要知道，我到现在都不太明白她是什么意思。她说：'她不是老女人,她只有37岁。'"

我感到脑袋里有根神经瞬间绷紧了,甚至发出"嗡"的回响。"只有37岁?"我重复着汉克的话。

"是啊,我以为自己听错了,但她后来又说了一遍,而且一点也不像开玩笑,就跟她今年真的37岁一样。"说到这里,汉克笑了起来,"我告诉她,倒真希望她是37岁,因为我很久没有和这个年纪的女人约会过了。"

汉克说,后来他就被乔治娅赶走了,"不过,我是不会放弃的。要知道,女人嘴上都喜欢说'不',心里可不一定这么想,也许下次她就乐意了呢。"他似乎很有信心。

从休息室出来,我从上衣口袋掏出笔记本,在之前的条目下补上:

汉克表示,乔治娅坚称自己37岁。

写完这行字,我看了看手表,马上就要五点钟了。而等我换好衣服经过行政中心的时候,那里已经是一片寂静,白天响个不停的打字声,此刻完全消失了。只有西蒙顿夫人的办公室里还透出灯光,她应该还在里面写着什么报告。

在威罗·格伦,员工们习惯了准时下班,一分钟都不会多留,对于他们而言,这只是一份工作。而对于里面的那些病人,以及西蒙顿夫人和海瑟这样对这里充满感情的人,威罗·格伦又意味着什么呢?

9.柔软和顽强

躺在沙发上，我只觉得浑身轻飘飘的，那是一种很久未曾出现的感觉——疲惫，却满足，让我无比舒适。上次体会到这种感觉，还是我从菲利普斯·埃克塞特学校退学的时候。

埃克塞特是一所全美国家长都热切向往的学校，它的宗旨是培养未来的精英，从老师到行政人员，全都以严格要求学生为傲。因此，这里的学生性格顽强，有着极端的竞争意识，他们是"丛林法则"最好的信奉者与执行者。在我上中学时，按照父母的意愿进入了这所学校，此后在埃克塞特的那两年多，成了一场漫长的噩梦。

首先让我痛苦无比的，是孤独。

在埃克塞特，因为学校不断鼓动学生间的竞争，导致人们都不喜欢交朋友。当然，学生间总会有些自己的小团体，但规则十分苛刻，不但很难加入，成员间的关系也十分微妙。在最开始的两年内，我就像在孤岛上漂流，那感觉让我无比惶恐，于是，我

9.柔软和顽强

拼命想要融入别人。终于在第三年，我似乎成功了，却并没因此变得开心，因为我发现，在这样的环境下，所有人都是不可能敞开心扉的，人们聚在一起并不是真的志投意合，而只是盲目从众。

其次让我倍感痛苦的，是挫败。

埃克塞特就像是一个巨大的赛场，只要你进入其中，每一步都是在踏上不同的跑道。而既然是比赛，必然会有失败的时候，每到这个时候，等待我们的都是居高临下的藐视，以及无休止的刺激：

"恐惧是怯懦的表现，你必须无所畏惧！"

"速度，加速度！你不能停下来！"

"你连芥末都不敢吃，这绝对不行！"

就是这样，从来没有人问你为什么害怕，也从来不会有人鼓励和安慰你，他们只会用语言鞭笞你、羞辱你，逼着你将自己的落后视为奇耻大辱。在埃克塞特的那两年多，我时刻想着的都是如何战胜别人，我对自己价值的认知，完全取决于自己是否强于身边的人。至于我自己是否具有闪光点，是否值得被爱、被肯定，则完全被湮没在胜负分明的竞争中了。

毋庸置疑，如果有人能从这场让人窒息的角逐中胜出，他很大概率会有个值得称道的前程，但比这更加毋庸置疑的是，他一辈子都无法走出埃克塞特的阴影，一直到死，他都会不由自主地和人攀比，在"不能输"的催促下焦虑地过完一生。

而那些未能从埃克塞特脱颖而出的人们，则在巨大的竞争压力和冷酷的人际关系中沦为炮灰，以映衬胜出者的光荣。

在埃克塞特上到第三年的时候，我做出了一个重要的决定。那是在寒假，我回家后的第一件事，就是向父母宣布："我要离开那所学校，不再回去了。"

父亲惊愕不已："你说什么？你是要半途而废吗？你知道埃克塞特的学费有多贵吗？"

面对一连串的质问，我努力地挺直脖子，和他理论："我承认，那是间好学校，我也知道，你们花了不少钱，但是那里不适合我。"

"你可以再试试看，你为什么不再试试呢？只有疯子才会放弃这么好的机会！"

"可我真的忍受不下去了。"说完这句话后，我忍不住哭了出来。

第二天，父母带我去看了心理医生，他们一点都不质疑埃克塞特有哪里不对，而是坚信我出了问题。心理医生判断我患上了轻度抑郁症，父母听后，立刻给了我两个选项——要么住院一个月，要么答应开学后回到埃克塞特。

那个晚上，我面临着一场痛苦的抉择。在我当时的概念里，只有真正的疯子才需要住进精神病院，如果我答应住院治疗，就等于将自己划离了正常人类。难道回到埃克塞特吗？回到那条看似通往辉煌未来的跑道？一想到这个，我的全身就好像在滚油里煎熬，一秒钟都忍受不了。

一夜未眠，天刚蒙蒙亮时，我似乎听到一个声音在对我说："你最大的安全感，要从充分体验生命的不安中去获得。"这如同神谕，让我心中豁然开朗起来。我跑去敲响了父母的房门，告诉他们：我愿意去接受治疗。那一刻，他们的表情交织着惊愕、恼怒和绝望。他们肯定以为，我会拒绝进入精神病院，转而答应重回埃克塞特完成学业，可我给出的答案，却将他们的计划彻底破坏了。

我的父母，是典型的"顽强的个人主义者"，他们从极其普通的家庭走出，经过多年的摸爬滚打，终于在各自的领域有所建树。这光环来之不易，也让他们沉迷于此，认为自己的孩子有责任将之发扬光大。把我送进埃克塞特，就是父母计划中的重要一环，他们希望我能在未来超越他们，至少也要和他们的水平一样。而此刻，这种期待不得不落空了。

从埃克塞特出来后，我感觉自己就像逃离了一场恶战，虽然巨大的疲惫感还在，但已如释重负。我进入了另一家学校重读11年级，那家学校叫作友谊学校。我已经忘记了当初是为何选择它，但毋庸置疑的是，这是我做过的最正确的决定。

友谊学校和埃克塞特截然相反，这里从不鼓吹攀比，也没有孤立和派系，每个学生都被尊重着，大家充分接纳彼此的不同——无论年级高低、宗教信仰，还是住在豪宅或狭小的公寓——没有人会对别人另眼相看，所有人都能融洽地相处。

这里的老师也和埃克塞特大为不同，学生们不用毕恭毕敬地称呼老师，也不用违心地与他们"社交"。老师和学生间可以开温和的玩笑，大部分老师本身就很善于自嘲，不会让学生心生畏惧。

在埃克塞特时，我曾经遭遇过一次让人头疼的作业：那是在美国历史的课程中，要求每个学生在年底完成一份至少10页纸的原创论文，而且必须排版整齐，论文中还要列出注脚和参考书目。对于当时的我来说，这是个不可能完成的任务，我做得乱七八糟，自然，也因此受到了老师的斥责和同学的侧目。

在进入友谊学校后，因为需要重修课程，我再次与这项作业狭路相逢。然而这一次，我却毫不费力地完成了论文，并且完全符合要求。连我自己都感到惊奇，不过只相隔了9个月，我竟然已经实现了这样的飞跃。

我不禁开始思考：变化是怎么发生的？我将友谊学校和埃克塞特做了对比，发现比起以培养"顽强的个人主义者"为己任的埃克塞特，友谊学校的特点就在于它一点都不顽强，反而相当柔软。

因为这种柔软，我得到了自由成长的空间，不用在乎自己在别人眼中是否优秀，而是可以完全地做自己。也是因为这种柔软，我学会了自律，没有严苛的督促与考核，也能自己安排好一切。还因为这种柔软，我拓宽了视野，接纳了那些与自己不同的人，接受了自己并不熟悉的事物，于是我可以从任何地方汲取营养。在友谊学校，我看到"柔软"拥有着"顽强"所不具备的力量，相比起来，"顽强"反倒是脆弱而狭隘的。

我躺在沙发上，神游一般地回忆着自己在友谊学校的日子，那无疑是我人生的金色时光。从友谊学校毕业后，我再也没有见过类似的地方。但不知为何，就在今天，当我开始去调查乔治娅身上的种种疑点时，忽然就想起了这段往事。这会是一种昭示吗？我会不会因为这次调查，又为我的人生发掘出些新的意义？

一切不得而知，就像是窗外的黑夜，空旷而神秘。

10.精英先生

按照计划，我原本要去和乔治娅的长子肯尼斯谈谈，自从乔治娅的丈夫去世后，他们一直住在一起。

然而，每年的1月到4月，恰好是纳税人集中报税的日子，肯尼斯作为会计师事务所的合伙人，每天分身乏术，所以我和他的见面只能推后。"很抱歉，医生，我的日程表上近期实在没有空当，我真的很抱歉。"电话里，他的语气礼貌而沉稳。

在此之前，我与肯尼斯曾经见过几次面。第一次是乔治娅首次来到威罗·格伦的时候，我为了给她做心理评估，去找肯尼斯了解情况。看到他的第一眼，我的脑中就闪过一个称呼：美国中年精英。

即便是送母亲来护理院，肯尼斯依然穿着得体的西装，将语调保持在特定分贝，让人不禁联想起，他在工作中应该也是这个样子。聊天时我了解到，他儿女双全，太太也很美丽贤惠，弟弟和妹妹事业有成，而他和朋友一起在新华沙办了一家会计师事务所，这也是新华沙仅有的一家大型会计师事务所，占据绝对的市场优势。可以说，肯尼斯精明能干，婚姻幸福，个人形象也维持得很好，是大部分美国中年男性希望拥有的样子。

当然，如果他的母亲没有患上衰退症，那就更加完美了。

乔治娅是在来威罗·格伦的前一年，被诊断为衰退症的。但根据肯尼斯的说法，其实在他父亲去世后，母亲马上就变得不对劲了。

她先是性情大变，之前那么多年，她总是温和客气的，虽然算不上健谈，但也从不会失礼。然而父亲去世后，她变得尖酸刻薄，每天都怨声载道，尤其喜欢奚落别人，世界上任何人或任何事似乎都不能让她满意。

随后，她的膀胱开始不听使唤。为了找出失禁的原因，肯尼斯带着母亲做了一系列昂贵而细致的检查，然而，所有医生们给出的结论都是：生理上毫无问题。她的括约肌依然可以正常工作，但也正因此，那些失禁而出的尿液变得更加扑朔迷离。最终，有位心理医生给出了答案：是因为衰退症的缘故，衰退症既影响了她的身体，也改变了她的性格。这结果让肯尼斯有些难过，他感到母亲正在垂垂老去，但是，却也由此放下心来："一切异样都只是因为母亲老了，可这是自然规律，谁又能有办法呢？"他这么对我说。然而我却觉得，这个结论或许正是他想要的，因为，这意味着他和妻子没有对母亲照顾不周。

衰退症不像阿尔茨海默症那么可怕，几年内就让一个人身体机能丧失、记忆清零，衰退症更多的是让人越来越老糊涂，但是在这个过程中,他们能清晰地意识到自己正在衰老,感叹于自己犯糊涂的次数越来越多,同时,感受到自己的躯体不断衰败,步履维艰。如果说,阿尔茨海默症将人封印在多年前的某段记忆中不得脱身,那么,衰退症便是连这个小小的精神乌托邦都没有。在威罗·格伦,和各种老人打过交道后,我发现了一个关于衰老的残酷真相:人到了一定年纪,关于未来的选项只剩下几个,形式虽然不同,但是殊途同归。

在此之前,肯尼斯从未涉足过护理院,而今因为衰退症,他决定把母亲送进威罗·格伦,他相信,母亲在这里能够得到很好的照顾。威罗·格伦也确实没有让他失望,乔治娅住进来后,失禁的情况飞速改善。不过,她的脾气却没有因为身体转好而改变。我在周末探望日的时候见到过几次肯尼斯,每一次,他不是脸色尴尬地坐在床边听母亲说话,就是红着脸辩解着什么,要不然,就是例行公事般地和母亲进行着临别时的仪式。这些时刻的肯尼斯,完全没有我初次见他时的沉稳从容,他不再是美国男人的标杆,而完全是一个困在夹缝里的可怜中年人。在乔治娅连续一个月没出现失禁后,肯尼斯将她接回了家。谁能想到没过多久,她又回到了这里,而且病情更甚从前?

"如果不是迫不得已,我是真的不想送她回来。她肯定会抓住这件事大做文章,把我说成一个遗弃年迈母亲的罪人。"对于母亲的状况,肯尼斯感到很为难,将她送到威罗·格伦或其他机构,势必会被她大肆埋怨,可是不送她走……他承认,只要一想到满屋子的尿骚味,和母亲那副看什么都不顺眼的神情,以及对他和妻子不留情面的抱怨，就浑身不自在。

那是我第一次看到一个事业有成的中年男人，在一个年轻的实习心理医生面前，露出求助的眼神。他的西装依然笔挺整洁，但整个人却显得异常疲惫和无奈。那一刻，我相信肯尼斯是真的想要担负起长子的责任，照顾好自己的母亲，但我更相信，如果这条路行不通，他也真的只能打破预先的规划，还自己一个清静。

"你知道吗，文森特，我已经告诉马琳，如果有一天我变成了我母亲那样，她一定不要把我送去任何地方，就冲着我的头来那么一枪，就像杀死一匹瘸马一样，那就再好不过了。"他对我说这些话时，脸上带着自嘲的笑，这听起来像是句玩笑，却多少带着对于未来的恐惧。

生活总会留下些疮疤，即使是对那些看似生活完满、无懈可击的人。

这通电话后的几天里，我忽然有些无所事事。和肯尼斯的谈话不知何时才能进行，科尔医生也要等到周末才能回来，而其他所有能问的人，我也都问了个遍。虽然很多人给出的信息都不多，但是短时间内继续询问乔治娅的话，恐怕也很难有什么进展。

除了等待，我似乎真的没有别的事情好做。

然而，就在科尔医生回来前的一天，威罗·格伦发生了一件让人意外的事，准确地说，是海瑟出事了。

在倒休回来后，她的一只眼睛周围出现了大片的乌青。护理院里的护士和护工们对伤口十分熟悉，即使是这里的病人们，大多也都有着丰富的阅历。几乎所有人都看了出来，那不像是摔倒或磕碰所留下的伤，而很可能是有人抡圆了拳头，重重打在了她的眼眶上。

换句话说，海瑟被人袭击了。

11. 暴徒

谁会袭击海瑟？

她是那么和气，与人为善，即使在外出休假时和陌生人有了冲突，也一定不会激怒对方到大打出手的程度，除非对方本来就是个暴戾的人。

答案并非无迹可寻，海瑟在休假前曾满怀期待地说："我要和托尼去滑雪，他刚好也休假，说好了会来接我。"

托尼是海瑟的新男友，两个人交往了大概一个月的时间。他是一名年轻的汽车修理技师，海瑟曾经夸他"很酷"，这个评价实在让人难以琢磨。凭着这点信息，我不敢说那个叫作托尼的家伙，一定就是打伤海瑟的人，但是以海瑟以往找男人的习惯，确实很有可能又遇到了一位暴力之徒。

在海瑟返回威罗·格伦的那天早上，每个见到海瑟的人，都会露出惊讶的神情。海瑟并不躲闪大家的目光，她仿佛什么都没发生似的和病人们打着招呼，只是，脚步明显要比平时快上一些，似乎在有意避开别人的询问。

我自然也看到了海瑟的眼眶，更看到了她想要回避众人的那种眼神，所以索性按捺住内心的疑惑，装做什么都不知道。

上午大概九点半的时候，护工佩吉来敲我办公室的门，她告诉我，格瑞丝夫人希望我能去她的房间坐坐。这真是个让我意外的邀请，虽然在威罗·格伦，我的一项重要工作就是和这些病人们聊天，但是我一直觉得，格瑞丝夫人是最不需要靠此方式排解的人。

格瑞丝夫人和史蒂芬，是C楼中两个特殊的病人。他们是C楼里仅有的瘫痪在床的病人，史蒂芬只能挪动手指，而格瑞丝夫人则只保留了语言功能。此外，他们在"住"上也有着格外的待遇，史蒂芬睡在护士站旁的轮床上，而格瑞丝夫人独享一个双人间，她常年住在靠窗的那张床上，旁边的床就那么空着，没人知道是为了什么。然而在我看来，两个人最为特殊的地方，并非这些外在表征，而是他们身上所散发出的魅力。

如果说史蒂芬是一座沉默的宝藏，深邃而睿智，那么格瑞丝夫人就是阳光下轻缓的溪流，温和而慈爱。在格瑞丝夫人身上，有一种特别的感染力，那感觉，就像是你在暴风雪中跨越了一座巨大的山峦，精疲力竭、摇摇欲坠之际，有人带着你走进一间木屋，壁炉里火焰烧得正旺，摇椅上铺着厚实的毛毯，还有一杯热茶放在小圆桌上——对，格瑞丝夫人就是那种严寒中会领你走进木屋的老妇人。不同于海瑟具有青春感的热情四溢，格瑞丝夫人的温暖是和煦的，是被洗去浮色的绸缎，时间在她身上炼出了一种吸纳痛苦的魔力，只要和她说一会儿话，人就会变得宁静。威罗·格伦的很多病人都喜欢她，她就好像是一位颇受爱戴的民间领袖，即便大部分病人都比她年长，却依然对她充满尊重。她和海瑟的关系尤其亲近，海瑟对她几乎到了无话不谈的地步，有好几次，我都听到海瑟开玩笑似的管她叫"妈妈"。

然而，上帝似乎格外喜欢为独具魅力的人设置考验，对史蒂芬如此，对格瑞丝夫人也是这样。多年前，她患上了多发性硬化症，这是一种会给中枢神经系统带来损伤的疾病，后来，她更因此瘫痪在床，颈部以下完全没有了知觉，而就在3年前，她被送来了威罗·格伦。由于大脑的某些部分受到损伤，一些多发性硬化症患者会莫名地表现出快乐，但格瑞丝夫人绝对不在此例。在她身上，没有其他大脑损伤的症状，事实上，她机警无比。

在敲响那扇病房门之前，我一直在暗自猜测着，格瑞丝夫人会和我聊些什么。在我坐下后，格瑞丝夫人先是礼貌地谢过了佩吉，并拜托她在离开时帮我们关好门。等房间里只剩我们两个人的时候，她看着我，露出浅淡的微笑："原谅我冒昧地将你请来，但是海瑟现在真的需要你的帮助。我爱她，所以不能坐视不管。"

海瑟需要我的帮助？我一时搞不清其中缘由。

接下来，通过格瑞丝夫人，我知道了海瑟伤情的由来，果然，一切全拜她那位"很酷"的男友所赐。但是至于动手的理由，海瑟只是这样告诉格瑞丝夫人："你肯定知道吵架是怎么回事，有时候，人们会突然为了一件小事而大发脾气，事情过后甚至都想不起来是为了什么吵。我们那天都喝酒了，当然，这算不上理由。"

这是个极为含糊其辞的表述，和海瑟在科尔医生面前讲述自己遭遇时的态度毫无差别。海瑟并不遮掩自己的伤情，也说出了男友是始作俑者，但是，她依然不能面对自己内心受到的伤害。往更深些说，她不想承认自己好不容易走出家门，却还是走上了母亲的老路。

"我一直把海瑟当成自己的女儿，但我也知道，她是个独立的成年人，我不能强迫她什么。我劝过她，这种时候应该立刻去找科尔医生求助，她说医生正在休假，而且即使科尔医生回来，她也不想把预约提前。"格瑞丝夫人双眼凝视着我，似乎想要向我求证。

我点了点头："科尔医生现在的确在假期中，但是他明天就能回来了。"

"她需要帮助，真的，我很确定这一点。但是我成天躺在这里，做不了什么事情，所以我只能找你来。你是心理医生，你应该也发现了，海瑟的神经症已经很严重了，所以她才总在那些靠不住的人身上寻求安慰，对不对？"

我的神经顿时变得敏感了起来。不是因为海瑟的神经症，而是因为眼前这位老妇人。我之前看过格瑞丝夫人的简历，她并没有医学领域的工作经验，可如今，她却如此精准地判断出海瑟的症结所在，难道，是西蒙顿夫人或海瑟自己告诉她的吗？

"您为什么会认定海瑟得了神经症，是什么人告诉您的？"我故作轻松地问。

格瑞丝夫人缓缓地摇了摇头："海瑟只对我提起过一次，说她在科尔医生那里治疗，而且医生认为她得了神经症。但是除此以外，她就不愿意多讲了。至于我为什么如此确定，那是因为……我自己也是个神经症患者，资深的——神经症患者。"

我吃惊地看向她，看到她也正用一种冷静而严肃的目光看向我。

12.两个神经症患者

倘若时间倒回那么几十年,在同样料峭的一个冬末,格瑞丝夫人或许正在某次家庭聚会上,接受人们由衷的赞美。

那时候,她是公认的好妻子、好母亲,她把丈夫和孩子照顾得无微不至,把家里打理得洁净温馨,对待朋友和邻居也是永远那么妥贴得体,她也因此收获了无数赞许,成为众人心中的完美女人。

后来,毫无征兆地,丈夫背叛了她和三个孩子,和另一个女人私奔了。

格瑞丝夫人难以接受,更难以理解。她想不通,自己是如此优秀的一位妻子,丈夫怎么会抛弃自己?最后,她得出了一个结论——他是个坏人,只有坏人才会不分黑白、不识好歹。

这个念头虽然无法消除她的悲伤,却让她感到了一丝心安:"错的不是我,我已经做得非常好了。"

此后,格瑞丝夫人非但没有一蹶不振,反而加倍努力工作,比以往更尽心地照顾三个孩子。她发誓，一定要让所有人发出这样的赞叹："看啊，她尽管被恶毒的丈夫抛弃，一个人拉扯三个孩子，却依然那么优秀。"

然而，故事却并未按格瑞丝夫人的预想进行，在她的悉心呵护下，孩子们的确都长大了，却成了她意想不到的样子——他们在商店里偷东西、滥用药物、结交坏朋友。格瑞丝夫人再一次想不通了，她不明白，自己已经做得那么好了，孩子们为什么反而越来越叛逆？但格瑞丝夫人并不认输，她坚信只要自己加倍努力，事情就一定还有转机。她咬紧牙关，为孩子收拾一个又一个烂摊子，解决一个又一个麻烦，这让她焦头烂额、身心俱疲。

在这样的情况下，患上多发性硬化症，似乎并不是个意外。

身体上的疾病，并没能让格瑞丝夫人觉醒。在病中，她依然倔强地想要证明自己，并且把疾病当成了自己身上的一枚新标签——看啊，我是个被狠心丈夫抛弃、自己身陷残疾，并且正竭力照顾着三个问题孩子的伟大母亲。

在她的一再努力下，事情确实有了变化，而这变化却体现在了病情的迅速恶化上。医生们都感到费解，按照她患病的时间来说，她本不至于如此糟糕。她的逞强，成了她疾病的催化剂，她越是想要爬起来，就越快地倒在了病榻上。终于，她彻底丧失了照顾孩子们的能力，他们不得不反过来照顾起她来。

讲到这里，格瑞丝夫人停了下来，她将目光投向窗外，似乎在逐帧回放自己的过往。我也不由得看向那扇窗子，院子里有一棵树，树枝光秃秃的，一只棕色的鸟正在上面蹦来蹦去。在威罗·格伦，所有病人都喜欢睡在窗边的床上，尽管能看到的不过是如此单调的风景而已。对于他们的这个习惯，我能想到一些显而易见的理由，比如靠窗比较明亮，空气比较好，视线比较开阔，除此以外，大概再没什么其他初衷了吧。

格瑞丝夫人的声音，打断了我的胡思乱想。"但是，奇怪的事情恰恰在那时候发生了。我的孩子们因为照顾我，不再惹是生非，他们变得懂事自立，几个人之间还学会了齐心协力。"

"这是件好事，你肯定很高兴吧？"我问道。

她笑了一下："很可惜，我的第一反应并不是高兴，而是沮丧。"

孩子们的迅速成熟，并没能让格瑞丝欣慰，她反而陷入了巨大的失落。在她看来，孩子们的变化只能代表一件事，那就是——之前自己的一切努力都白费了。当她努力做个好母亲的时候，孩子们恶习缠身，而当她没能力成为好母亲时，孩子们反而变好了，那自己过去费尽心力做的那一切，还有什么意义？这让格瑞丝再次感到困惑，她甚至忍不住猜测，丈夫之所以离开自己，是不是也是出于同样的理由。

难道，正是因为自己太努力做个好妻子，才导致了婚姻的失败？

那是格瑞丝第一次开始反思自己，在此之前，她从来不认为自己的目标有什么不对。而反思的结果，让她发现了一个事实——一直以来，自己都活在别人的评价里，并且以此作为自己行为的标准。

她把"婚姻看起来很幸福"看得比真实的婚姻关系更重要，于是，她竭力扮演一位公认的贤妻；她把"看起来是个好母亲"

看得比实际亲子关系更重要，于是，她一直做着旁人心目中的良母。在过去的几十年里，除了"被人喜爱"外，她似乎再没有其他的生活目标。而现在，她似乎是该重新考虑，换一种方式与身边人相处了。

过于重视别人的评价、无限度地自我苛求，这些神经症的典型症状，都曾经顽固地存在于她的身上，却又幸运地逐一退去，最终，才有了今天这位平静如水的老妇人。神经症就像是一池深潭，有些人能从中安然返回，有些人却沉沦于此，成为一生无法摆脱的负累。

只不过，当几十年的惯性骤然卸去，想要找到新方向，并不是件容易的事。自那以后很长时间，格瑞丝夫人都想不出怎么和别人建立正确的关系。

"你猜，我是怎么知道自己接下来该做些什么的？是因为我的外孙女芭芭拉，那年她才只有4岁。"

那一年，轮到格瑞丝夫人的大女儿照顾她，而同时，女儿还要照顾自己的孩子芭芭拉。一天下午，芭芭拉来到格瑞丝的房间，给她讲了很多自己喜欢的小故事，但是她毕竟只有4岁而已，所以那些故事全都没头没脑，毫无逻辑。看着外孙女兴致盎然的样子，格瑞丝却不耐烦起来，她打断了芭芭拉，喝令对方闭嘴，好让她一个人安静地待着。芭芭拉顿时显得很委屈，她眼睛里闪着泪光，噘着嘴对自己坏脾气的外祖母说："你一点也不在乎我！"

这句话让格瑞丝夫人很不舒服。在芭芭拉说出这句话之前，她在别人口中一直是个友善细心的人，尤其懂得在乎别人的感受，而现在，自己的外孙女却给出了截然相反的评语，为什么会这样？为什么越是和自己亲近的人，和自己的关系越是容易变得恶劣？

那个晚上，格瑞丝夫人显然被这个问题困住了，她一夜未眠。如果说，之前孩子们身上的变化，让她意识到自己对于名誉有着盲目的追求，那么芭芭拉的抱怨，则让她真正开始思索怎么从错误走向正确：怎样对待他人，才算是正确的态度呢？她回想了芭芭拉的话，发现自己的小外孙女说得一点都没错——自己确实不在乎她。她进而想到了自己的三个孩子，甚至前夫，她想在漫长的回忆中搜罗出一些"自己是真正为他们着想，而不是为了自我满足"的证据，却毫无收获。

这个发现，让她仿佛被人迎头浇了一盆冰水。她震惊地发现，自己之前对别人好，完全不是因为在乎对方，而只是因为想要被对方称赞。而这就像是笔交易，一旦自己丧失能力再去赚取赞许时，她也就连一丁点的耐心都不愿意给予了。

第二天下午，芭芭拉又来看她，格瑞丝夫人告诉自己的外孙女："你是对的，我确实不懂如何在乎别人，但我保证以后不会再这样了，你能教我怎么做吗？"

这个提议让芭芭拉很兴奋，她感到自己受到了重视，于是，她滔滔不绝地讲解了起来。当然，一个4岁的小女孩，是说不出什么高深的方法的，但是这件事，却成了格瑞丝夫人的一个重要契机。从那一次开始，她开始去思考怎样全心全意地关心一个人，并把这慢慢变成一种习惯。

而她的病情，也在那之后止住了快速恶化的趋势，变得逐渐稳定起来，正因此，她才得以活到今天。

再后来，格瑞丝的大女儿想自己开展一番事业，但是又为了需要照顾母亲而感到为难。格瑞丝夫人察觉到了女儿的处境，于是主动提出可以将自己送去养老院。"后来，我就来到这儿，再然后，遇到了你们。"格瑞丝夫人说出这句话的时候，眼睛里光芒四射，看得出，她对此是多么的满意和舒心。

"两年前，我和科尔医生说起往事才知道，那些困扰我多年的心结，是神经症造成的。如果我年轻的时候能知道这些，并且及时治愈它，或许就不会瘫痪在床了，也不会过着这样的人生。虽然我对现在的一切很满意，但是之前我真的浪费了太多时间。用了这么多年演戏给别人看，真是太傻了。"

她停顿了一下，似乎在把自己从往事中拉回，她的眼睛重新投向我，语气十分恳切："我很清楚，海瑟现在正在经历着我曾经经历的，当然，我和她不是完全一样，她比我幸运，这么年轻就遇到了能帮她找出问题的人，但她也很不幸，她的家庭带给她的影响太深了。但是，我真的不希望她再遇到一个暴力狂，那很可能会要了她的命。所以我才会找你来，我想，你总能有些办法。"

弗洛伊德创造出了神经症这个名字，原意是指"强迫性的重复"，也就是说，患有这种病的人会一次又一次地做出同样的蠢事。因此，即使是像海瑟那么聪明的人，也会在某些方面表现得非常愚蠢，即使是像格瑞丝夫人这样平和的人，也会在某些方面有过病态的执着。

我想起科尔医生曾经给我讲过一个案例，一位病人在第一次见面时，就向他哭诉丈夫的种种暴行：不顾孩子们的死活，把全家的生活费全部赌光；一再出轨，屡教不改；酗酒，总是半夜带着一身酒气回家；家暴，毒打得她遍体鳞伤。而现在，丈夫竟然在一次争吵后离家出走了，抛弃了她和孩子。科尔医生对她十分同情，但是在听了她随后的陈述后，心中的同情渐渐被不解所取代了：在过去的20年中，她和丈夫两度离婚，又两度复婚，其间更是经历了无数次分手与和好。一个女人，为什么会一再原谅一个这样的男人呢？

科尔医生用了两个月，好不容易才帮她摆脱了痛苦，但不久后的一天，她兴冲冲地告诉科尔医生："他回来了！简直就像变了一个人，我想他是真的悔改了。"科尔医生提醒她，这样的情节以前就曾上演过，女病人却不高兴地回答："可是谁能拒绝爱呢？"科尔医生问她认为什么是"真正的爱"，她突然大怒不已，并因此结束了治疗。

事情确如格瑞丝夫人所说，如果海瑟摆脱不了她的"轨迹"，这位女病人，或许就是她未来的人生。

只是，我真的能帮助海瑟吗？我有些担心，自己会辜负格瑞丝夫人的信任。况且，如果海瑟的问题真的这么容易解决，那科尔医生就不会在过去的一年进展缓慢了。当然，这些话我不能向格瑞丝夫人明言，我能做的只是告诉她"我会尽力"，然后在心中盘算着，要不要明天下午打电话给诊所，看看科尔医生是否已经度假结束了。

13.暗流汹涌

对海瑟受伤的猜测，就像是一股暗流，在威罗·格伦的空气中涌动着。对于这些日复一日生活单调的病人们来说，海瑟乌青的眼眶，成了他们难得的调剂。半天下来，已经有好几个病人偷偷向我打听过，我则假装毫不知情。

当然，在我这里也有例外存在。那就是史蒂芬。

午饭过后，我去找史蒂芬说话，看到我时，他发出了"啊呃啊呃啊呃"的声音，我知道，那代表他急着想要说话。我赶忙拿过字母盘递到他手边，他敲击的动作明显要比以前急促：

"海瑟/怎么了？"

我想，他一定是一早也看到了，但是不得不憋了半天时间，才能找到人发问。

"被男友打了。"我伏在他耳边悄声说，对于史蒂芬，我不打算说谎。

"他们/打架了？"

13.暗流汹涌

"具体情况，我也不知道。"

"我 / 很 / 担心 / 她。"

"我明白你的担心，不过这个时候，她或许不太希望别人问起，毕竟这是她自己感情上的事。"

"我 / 知道。"虽然因为严重脑瘫的关系，史蒂芬的脸部做不出表情，但是我却从他的眼神中看到了一种复杂的情绪——担忧、悲伤、急切。他停顿了几秒，似乎在消化着内心的情绪，然后慢慢敲出了一句话："你 / 恋爱 / 过吗？"

"当然！"我笑着回答，"不过，我是从不会打人的。"我猜测，史蒂芬是被海瑟的事情触动了，所以才跟我探讨起了这个话题。

"我 / 相信 / 你 / 不会。你 / 能不能 / 告诉 / 我，那 / 是 / 什么 / 感觉？恋爱，是 / 什么 / 感觉？"

我一怔，不知如何回答才好。在之前的20多年里，从没有人问过我这个问题。我的确谈过几次恋爱，但是让我描述恋爱是什么感觉，我却不知应该从何说起了。

"怎么说呢，最开始，两个人会坠入情网。你会有一种眩晕感，觉得对方在发光，觉得自己想一辈子和这个人在一起。不过，过段时间，这个念头就会慢慢变淡了。"我努力组织着语言，却对自己说出的答案一点都不满意。

"你说的 / 听起来 / 更像 / 是 / 欲望，欲望 / 总是 / 很 / 容易 / 消退。"

我有些不好意思："你说得或许没错，这听起来确实很像欲望,我经常分不清它和爱有什么区别。"

"你 / 就算 / 分不清 / 它们,却 / 可以 / 享受 / 它们。我 / 不 / 可以,拥抱、亲吻,我 / 都 / 做 / 不了。"史蒂芬慢慢敲出这些字,我感到,他此刻好像有些难过。

很多在别人眼中稀松平常的事情,对于史蒂芬来说,却都成了奢望。然而,史蒂芬虽然被禁锢在轮床上,却终究是个男人,他对于异性,对于男女之间的情感,应该也萌生过渴望吧。

我忽然想安慰一下史蒂芬,却又怕这样做太刻意,于是索性转移了话题,将自己调查乔治娅衰退症的进展告诉了史蒂芬。

"不过,最关键的问题我还没有搞清,我准备去和乔治娅的儿子谈谈,但他最近很忙,恐怕要过一阵子了。"

"一直 / 很 / 想问 / 你,为什么 / 那么 / 想 / 知道 / 真相。"

为什么?经过史蒂芬一问,我才发现,其实连我自己,也搞不清为什么要执着在这件事上。是因为麦克娅的托付?绝不是。那是出于对乔治娅的关心?扪心自问,这也不是理由。或者是好奇心驱使?我承认,在发现乔治娅身上存在着矛盾性后,我确实被激起了好奇心。我一路调查,就像是玩探洞游戏的孩子,总希望能走得更深入些,挖出些别人没能搜寻到的宝藏。但是渐渐地,我发现支撑自己的,已经不仅是好奇那么简单了,在我心里,逐渐涌动起一种情绪,就像当年我在友谊学校,为了完成美国历史的论文通宵查阅资料时一样。

我告诉他:"我暂时也说不清,但是既然事情已经开了头,就不妨继续下去吧。"

"你/应该/会/成为/一名/优秀的/心理/医生。"

我朝他咧嘴笑了笑。

"文森特医生，"一个声音骤然在身后响起，我转过身，看到麦克娅正站在身后，怀里正抱着一个文件夹，"今天是做评估的日子，我以为你会在办公室等我，没想到你在这儿。"

她的语气一如往常，但是措辞中却隐含着指责。之前麦克娅和我约定过，今天要和她一起收集病人反馈，作为下次员工评估的依据。原本在我来到威罗·格伦之前，这些工作都是麦克娅一个人完成，然而西蒙顿夫人认为，倾听反馈也该是心理医生需要学习的，所以变成了我和麦克娅配合完成。看到麦克娅，我马上看了一下护士站墙上悬挂的时钟，发现并没有到之前约定的时间，不过我更清楚的是，麦克娅向来不喜欢员工和病人走得太近。

"真是太抱歉了，我看时间还早，就出来走了走。"

麦克娅看了我一眼，又看了看史蒂芬，眉头微皱了一下，似乎在忍耐着什么。

"那就从史蒂芬开始吧。"她边说边从文件夹里抽出一支笔，"要是有什么不舒服，我想你会告诉我的。"她这样对他说着。

和麦克娅一起做过几次评估，我发现了一些规律，比如，每次和史蒂芬说话时，她都要字斟句酌，尽量避免让他开口。不知道她是体谅史蒂芬无法开口，还是她本身就不想和史蒂芬多费口舌。

果然，史蒂芬没有吭声，麦克娅随手写下"N.R."，表示

"没有回应"（no response）。"要是有什么要投诉，我想你会告诉我的。"还是没有回答，她随手又写下一个"N.R."。"要是有什么问题要问，我想你会告诉我的。"她马上写下第三个"N.R."。

然后，麦克娅盯着表格，头也不抬地说："西蒙顿夫人说，他们已经同意给你拨款购买电脑了。如果一切顺利的话，你在复活节前就可以拿到了。"

"啊呃啊呃啊呃……"史蒂芬发出了羊鸣似的声响。

麦克娅的眉头又紧了些，却站在原地没有动弹，我赶紧把字母盘递到史蒂芬手边。

"谢谢/你。"史蒂芬敲出这几个字。

麦克娅没有再和他说话，转身快步走开了。我忙和史蒂芬道了个别，随即赶紧追上了麦克娅。等走到史蒂芬不会听到的距离，我压低声音："你不喜欢史蒂芬？"

她直视着前方，语气冷静："我只是不喜欢低效的交流。"

"如果你肯和他多说说，或许会发现他很有趣。"

"我没有时间做这种事，况且，我不喜欢不守规矩的人。"

"不守规矩？谁？史蒂芬吗？"我忽然觉得有些好笑，我实在想象不出史蒂芬能如何不守规矩，他连从轮床上逃跑都做不到。

听到我的话，麦克娅猛地停下了脚步，"啪"的合上文件夹，然后用力塞到我手里："他申请了一台电脑，从没有病人这么做过。西蒙顿夫人已经让我帮他做一个键盘支架了，真是浪费时间！"

13.暗流汹涌

如果麦克亚可以跳出这一切,就会发现自己的怨气是多么可笑。史蒂芬虽然全身瘫痪,僵硬地躺在轮床上,但她的情况远比史蒂芬还要严重,她僵硬的是大脑,她的大脑好像是博物馆里的标本,标准、规范而缺乏生命力。

面对这样僵硬的一个人,我干脆放弃了为史蒂芬辩解。我和她一路无话,一直走到了乔治娅的房间。

乔治娅正坐在摇椅上,有节奏地摇晃着。"你怎么样?"麦克娅问道,此刻,她脸上之前的烦躁一扫而光,又露出了职业的热情微笑。

乔治娅冷着脸看了一下我们,不情愿地开了口:"就像在集中营一样好。"

"你对工作人员有什么不满吗?"麦克娅假装没听出对方话里的讥讽。

"佩吉那小家伙,看起来可不怎么友好。"

我一一做了记录,麦克娅继续问道:"你有什么问题想问我吗?"

"没有。"乔治娅闭上了眼睛,似乎很反感我们的打搅。

"你这几天,还有过失禁吗?"这并不是表格上预设的问题,而是我故意问出的,至于答案其实也早就知道了,她自回来后,再没有过一次失禁。但我很想看看,她会做出什么样的反应。

果然,乔治娅猛地睁开了眼睛,不满地瞥了我一眼:"如果佩吉再友好一些,我或许就敢失禁了。"说完这句话,她重新闭上了眼睛,而麦克娅则不悦地看着我:"你不该问多余的问题,这不合规则。"

下一位是蕾切尔,从进入她的房间,她就用犀利的目光审视着我们,似乎要把我们的身体看出一个洞。

麦克娅问道:"你过得如何?"

蕾切尔一言不发,我和麦克娅对此倒很习惯,和蕾切尔对话从来都是件困难的事。

"你对工作人员有什么不满吗?"

这一次,蕾切尔倒是开口了,她紧盯住麦克娅:"我觉得,每个人都让我难以忍受——除了你,我唯一能理解的就只有你了。"

我猛地抓紧了笔,自从我来到威罗·格伦,蕾切尔从没和我正常地交流过。即使是面对海瑟关切的询问,她也只会尖着嗓子回答:"别假装好心,你今天一定又抹黑谁了吧。"面对护工她则更不客气,不止一次在佩吉为她洗澡时讥讽道:"你没必要在我这装得像个护士。"以上这些还算是她正常状态下的反应,除此之外,喊叫、辱骂、咬人、摔餐具等是时有发生。

海瑟曾和我聊起过蕾切尔旺盛的生命力,她虽然两条腿都已经截肢,却依然可以熟练地跨上轮椅,摇动轮子,依靠自己去到威罗·格伦的任何地方。她是那么强壮而自我,尽管这些特质在她身上表现得过于负面,不过在海瑟看来,自己有时候却忍不住要佩服蕾切尔的勇猛——负面的斗志,也好过全无生气。

而现在,蕾切尔在面对麦克娅时,不仅像个正常人一样说着话,竟然还对麦克娅表达出了赞许之情,这简直和她对待别人时判若两人。

然而，对于蕾切尔的这份赞许，麦克娅却并不领情，她低声对我说了两个字母："U.C."这是"一贯的抱怨"（usual complaints）的意思。接着，她按照流程继续问："你有什么问题想问吗？"

在这个环节，蕾切尔之前从未回答过，可这一次，她居然也说话了："轮床上躺着的那个人，你们为什么不做些什么？"

"蕾切尔，从你入院开始，史蒂芬就一直在那儿了。你为什么会突然问起他？"

"因为我越来越烦他了，他不该待在这儿，你们怎么不把他送到特殊学校去？"

麦克娅没有回答，只深吸一口气，每当她压抑情绪的时候，都会这么做。她向我递出一个眼神，于是，我飞快地在表格上又填上一个"U.C."算是结束了这次对话。

走出病房的时候，我忽然想到了一件事，麦克娅刚刚压制下的怒火，究竟是因为讨厌蕾切尔，还是因为听到了蕾切尔的问话，勾起了她对史蒂芬那种想要掩饰却无处可藏的反感呢？

一瞬间，我有了种感觉，威罗·格伦中正涌动着各种暗流——人们心中的好奇、关切、憧憬、失落和厌恶，在这一天中来回搅动，让这座静谧的护理院，变得无比鲜活。

14. 与治疗室的距离

威罗·格伦有台广播机，是专供西蒙顿夫人使用的。一经连接，整个护理院都会响起"嘎嘎吱吱"的声音，然后就会听到西蒙顿夫人叫某人去她的办公室。她通常并不爱使用这台机器，只有当急需见到某人时，才会启动它。

这一天的下午，我和麦克娅还没做完评估，就听到广播机里西蒙顿夫人在说："海瑟·巴斯顿，海瑟·巴斯顿，请马上到办公室来。"

这并不是个让人意外的通知。经过半天多的时间，关于海瑟那乌青的眼眶，肯定会传到西蒙顿夫人的耳朵里。她此刻急着叫海瑟过去，十有八九和这件事有关。果然，那天下班前，我看到了海瑟，她的脸色相当不好看，正对着护士站的电话发呆。

"电话坏了吗？"我问。

海瑟抬头看到是我，无奈地撇了一下嘴："我倒真希望它坏掉，这样我就不用把和科尔医生的预约提前了。"

14. 与治疗室的距离

"你要提前去见他？"我问道，同时在心里默默推算着，按照之前的规律，海瑟应该是在下周末才和科尔医生见面。

"是的，西蒙顿夫人说，如果到了下周五，我或许就不会把这件事告诉科尔医生了。"海瑟的语气中，明显带着抱怨。

我很清楚，西蒙顿夫人的担心很有道理。等到下周末，海瑟眼眶上的乌青就会褪去大半，再遮上些化妆品，科尔医生很可能发觉不出来，而以她以往对于讲述自己经历时的态度，她可能就此隐瞒自己被打的事实，或者，至少隐藏起一些关键的真相。

"她还说，如果我需要的话，完全可以再请一两个钟头的事假，提前去看医生。她还真是周到，可是，我的事情根本就不紧急啊。"海瑟说着。很显然，西蒙顿夫人的建议，在她眼中有着多管闲事的嫌疑。

海瑟并没有意识到，她的情况其实相当紧急。如果换作别人，在被男友打伤后，除了马上报警，还会巴不得赶紧找个人倾诉，而她在被打伤眼眶后，却没有半点这样的念头，就算对格瑞丝夫人说出了实情，也只是因为对方不停追问而已。回想起来，她似乎一直是这样，认为自己的问题毫不重要，连几个钟头的事假都不值得请。而对于别人的事情，她却一向无比热切，仿佛那些事半刻钟也不能耽误。这些都是神经症的体现，具体说来，海瑟属于神经症里的"讨好型"。

这类人会理所应当地认为别人比自己重要，所有人都比自己有价值。在这样的心态作祟下，他们会把自己的需求压缩到最低，甚至还会不断放松底线。而同时，他们会把别人的需求放大，认为自己有义务满足别人的期待，只有满足了别人，自己才是个有价值的人。我不知道海瑟是不是因为这个原因才选择了护士这个行业，但是我能断言，她长久以来对待病人们的热情与关爱，多少离不开神经症的作用。

谁能想到呢，海瑟之所以能成为一名优秀的护士，是因为她本身是个严重的病人。

像海瑟一样有"讨好型"神经症的人，大多有着激烈的内心冲突。一方面，他们具有善良、爱、慷慨、谦卑和无私等美德，对自私、放纵、冷漠，狂妄与势利深恶痛绝，正如海瑟所一直呈现的那样；另一方面，他们却会忍不住偷偷欣赏自己痛恨的那些东西，因为它们充满了力量感。海瑟对于蕾切尔负面生命力的羡慕，便是这种内心冲突的表现。

我暗想，格瑞丝夫人判断得没错，海瑟的神经症确实急需迎来一个转机。

"那你准备哪天去见科尔医生？"我问。

"我问了诊所的秘书，她说科尔医生明天就会回来，后天上午我可以过去。我在想，我要不要那么快就去见他。"

我知道，此刻我必须伸出手来推她一把："我想，你确实有必要尽快见到他，西蒙顿夫人的建议没有错。如果在此之前你需要找人倾诉的话，我很乐意效劳。"

海瑟有些吃惊地抬起头："文森特，你也这么觉得吗？"

我表情严肃地点了点头。

海瑟咬着嘴唇，犹豫了片刻，然后下定了决心："好吧，那我告诉秘书,就定在后天上午。"

见海瑟又拿起了话筒,我心里暗暗松了一口气,对于格瑞丝夫人的请求,我也算是有了交代。不过,我依然可以想象,面对这次被迫提前的见面,海瑟有多么不愿意;而我也同样可以想象,科尔医生在知道海瑟的这通电话后,会是怎样的好奇。

对于海瑟来说,走进科尔医生的诊所,需要积累足够的勇气。但她不知道的是,科尔医生回到自己的那间治疗室,同样不容易。事实上,每一次科尔医生的度假,都是琴弦紧绷到临界点时,不得不做的放松。

我想没有人会相信,一名心理医生会在病人到来前,在治疗室内冲着空气挥舞拳头,以此给自己鼓劲。每次看到这一幕,我都觉得很好笑,要是病人们看见他这副样子,一定会觉得医生已经疯了。

算起来,史塔斯·科尔今年已经43岁了。

大多数人到了这个年纪,早已经厌倦了使用心机。可是作为心理医生,不得不面对一场场漫长而波折的心理治疗,每一场都是艰苦的智斗。早在两年前,科尔医生就觉得自己已经精疲力竭了,为了帮助自己振作精神,他甚至培养了一个新的爱好——园艺。可他渐渐发现,这个听起来悠闲自在的爱好,依然像极了一场恶斗:野草、害虫、干旱、老鼠、浣熊……要对付的东西总是没完没了。

而一年前,他和妻子玛西雅离婚了,离婚后,两个儿子都和他一起生活。单身父亲的生活让他忙碌不已,尤其是孩子们正值青春期，然而，科尔医生却说他对于离婚并不后悔。

是的，他很疲倦，却不后悔，他说他厌倦了与玛西雅的争吵，厌倦了敦促她去做婚姻咨询，厌倦了任何想要维持婚姻的努力。他已经准备好让一切成为过去，虽然他并不确定自己是否能成为一名合格的单身父亲，但他说自己会努力，尽最大的努力，只是对于婚姻，他确实不想再尝试了。

诗人托马斯·艾略特曾经说过："**所谓中年，就是人们对你的要求越来越多，而你还没老到能够拒绝。**"科尔现在应该正经历着这样的考验。每次提起儿子们，他的语气中就涌起了爱，可是一说起自己的责任——购物、持家、税务、法务，还有繁忙的工作，他就感慨自己陷入了中年危机。每个人都觉得自己脚下的路最难走，其实对任何人而言，生活都是一次次从此岸到彼岸的过程。

15.寄往监狱的信

和科尔医生一样被现实困住的，其实还有西蒙顿夫人。这乍听起来很不可思议，因为在所有人心中，她是那么的敏锐和果敢。她将自己投入到一项崇高的事业当中燃烧淬炼，于是，才有了让病人们得以栖身的威罗·格伦。

然而很少有人知道的是，在她的世界中，还有姿态迥异的另一面。

从十几年前——也就是西蒙顿夫人离婚后不久的时候开始，她就有了一个习惯：给监狱里的犯人写信。一方面是出于同情，另一方面则是为了恋爱。不过，在和两名假释犯见过面后，她决定将这份慰藉止步于柏拉图式的恋爱，可以谈情，却绝不能与性有关。为了让犯人们不对她有非分之想，她还特意把自己描绘成一名丑陋的主妇，虽然容貌粗鄙，但是婚姻却很美满。

西蒙顿夫人将囚犯作为感情寄托，并非是一时的想法，而是长久考量的结果。事实上，在科尔医生刚在新华沙开诊所的时候，她就造访过他。她说自己已经过了憧憬爱情的年纪，她一点也不想和某个男人陷入热恋，但却无法忽视内心澎湃的欲望，她甚至想过要不要一夜情，可又怕不慎卷入感情的旋涡。而且，她不想为了一段感情花费太多精力，连那些为了约会而做的精心打扮，都让她觉得厌烦。

"在没有欲望的时候，我真忘了自己还是个女人。"她这样说。

这是西蒙顿夫人唯一一次和科尔医生探讨自己的问题。他们谈到了她的父母和童年，还探讨了弗洛伊德的心理动力学，但是随着话题的深入，两人都觉得她的问题和动力学没什么关系，力比多并不是让她矛盾的原因。

从那以后，西蒙顿夫人再也没有表露过对于感情的纠结，她只是在聊天时告诉科尔医生，她和犯人通信的一些情况。我曾经很奇怪，为什么她偏要选择那些人作为寄托，明明他们之间没有发展的可能，后来才明白，正是因为没有可能，她才会如此选择。

她需要一段两性关系，却不需要亲密。也不想为此消耗自己太多精力，如果她和一个正常的男人交往，便很难保持这样的平衡，而监狱里的那些人，却恰恰满足了她的需求。她能体会恋爱的滋味，却又不用为此浪费过多的时间，而且还可以掌控局面，随时和对方拉开距离，这让她觉得舒适且安全。

尽管她夸耀着如此选择的种种好处，但是我想，西蒙顿夫人虽然在护理行业建树颇丰，但是在感情方面，她其实是缺少自信的。她不止一次自嘲毫无女性魅力，就像她不止一次告诉监狱里的犯人自己容貌丑陋一样，她说这是为了让对方打消对她的企图。然而我暗自猜测，她对于自己身为女性所能赢得的认同，没有把握。而从另一方面讲，她在那些犯人身上，也找到了某种共鸣。尽管她的身体是自由的，却仍然有种被囚禁的感觉，她苦恼于自己欲望的强大，她痛恨这种被操控的感觉。不仅如此，日渐烦琐的工作也让她的自由日渐稀薄，连她自己都忘了，有多久没有按时下过班了。那间充满了雪茄和咖啡味道的办公室，成了她最熟悉的地方。

那些寄往监狱的信，成了西蒙顿夫人的一个重要出口。她说，她很清楚这样的模式算不上"健康"，但是，她需要如此。那些犯人也是她唯一的通信对象，除此以外，她连家人与朋友都只是在圣诞节发张贺卡而已。

困住西蒙顿夫人的，不只是感情和欲望的纠结，还有事业上的困惑。每次感到筋疲力尽时，她都会忍不住设想自己可以把威罗·格伦托付给谁。她私下里曾告诉我，她考虑过麦克娅，毕竟这位副主管深谙管理之道，然而一想到威罗·格伦要笼罩在冷酷的氛围下，西蒙顿夫人就马上否决了自己的想法。比起麦克娅，她其实更希望海瑟能够管理护理院，但她也很清楚，这只是个幻想而已。一旦海瑟的神经症康复，身上也必然会发生巨大的改变，到那个时候，这位热情的姑娘，也许不会再愿意留在威罗·格伦工作。

每当说到这个话题，西蒙顿夫人都会怅然若失一阵，既为了自己找不到合适的继任者，也为了自己终有一天要告别这所凝结了自己心血的护理院。

然而即使如此，我却并不认为西蒙顿夫人是孤独的，作为一个决策者，她必须经常保持独处，用独立思考让自己清醒。而作为一个女人，思考则可以让她找到未来的更好出路，无论是感情，还是事业。

16.乔治娅的照片

去见科尔医生的前一天,和乔治娅同屋的病人因为病情加重,一早就被搬去了A楼,而新室友很快就要入住,所以海瑟有必要去向乔治娅说明情况。海瑟知道我在调查乔治娅的衰退症,索性也叫上了我。

乔治娅依然坐在摇椅上,闭着眼睛神游天外。她并没有睡着,因为当她睁开眼睛看我们时,没有半点被吵醒的困倦,反而表现出一种极为清醒的冷漠。

"乔治娅,告诉你一个好消息,你的新室友很快就要来了。"海瑟笑着对她说。

"哦,这算是好消息吗?"乔治娅瞥了海瑟一眼,很快又闭上了眼睛。对于乔治娅而言,或许更想一个人独享单间,但是在威罗·格伦,除了格瑞丝夫人,还没有谁有过这样的待遇。

"你又回来了,感觉怎么样?"海瑟倒不介意,反而找了张空椅子坐下,语气俏皮地和乔治娅寒暄起来。

"这是个护理院，有谁会愿意待在护理院呢？"

"但对于很多老人来说，这样的护理院很适合他们，他们也能很快适应。"

"但是我并不老。"

"你今年多大年纪？"

我忍不住看了海瑟一眼，这一刻，我很怀疑她早听说了乔治娅年龄的事情，才故意将话题引向这里。

乔治娅口气坚决地答："37岁。"

海瑟并没纠正她，也没显示出诧异，而是闭上了双眼，过了许久才睁开，对乔治娅说着："看到你这么内疚，我很难过。"

乔治娅惊诧地看向海瑟："内疚？你说我内疚？"

"是的，但就算住进护理院，你也完全不需要自责。"

"我为什么要自责，该自责的不是我！"乔治娅抢白道，"是我儿子和儿媳把我赶到这儿来，他们才是应该自责的人。"

海瑟一笑，将身体探向乔治娅，问道："有没有可能，你是因为自尊心太强，对于自己衰老的事实感到自责，所以你才会坚持自己37岁。你需要有人为此负责，但那个人不能是你，所以，你会责怪你的家人。"

"据我所知，这里是护理院，不是心理治疗中心。"乔治娅反唇相讥，脸上有了怒色，"如果我想找心理医生咨询的话，完全可以自己约一个。"

"你说得没错。"海瑟自嘲了一声，"毕竟，我自己还需要去看心理医生，没资格告诉你什么。"

听到海瑟大方地将这件事说出来，我感到非常吃惊。我一直以为，她并不想让别人知道这件事，而现在，她却表现得毫不避讳。

听到这个消息，乔治娅的声音陡然变高了："你去看心理医生？"

"是的。大概有一年了吧，我定期去见他。"

乔治娅冷冷地打量着海瑟，然后盯住了海瑟还在发黑的眼眶："是因为你的眼睛吗？"

海瑟笑了笑："从某种程度上讲，是的，我的感情生活一团糟。"

"看起来，你的心理医生水平也不怎么样。"乔治娅讥讽道。

海瑟笑了笑，朝我偷偷递了个眼色，似乎觉得乔治娅的评语很有趣。"给你个建议，新室友到来前，你可以搬到靠窗的那张床，不然可就没有机会了。"或许是听到了想要的答案，海瑟语气愉快地转移了话题。

这话果然起到了作用，乔治娅思考了片刻，然后就起身开始收拾东西。看来，对于靠窗的床的那种执念，就连乔治娅这样的人也无法避免。我和海瑟提出，可以帮她把所有私人物品搬到新位置。大概是清楚搬运那么多物品对她来说实在吃力，乔治娅同意了我们的提议。

打开抽屉时，我发现里面叠放着好几个相框，合影中有乔治娅和肯尼斯，看样子，其他照片也应该是她的家人们。我问乔治娅，需不需要帮她把这些摆在桌子上，乔治娅摇了摇头，然后拿起了放在她旧桌子上的那张照片，端正地摆在了新桌子的中间。有那么一瞬间，她好像露出了满意的表情，但眼神掠过我和海瑟后，很快就又板起了脸。

我忍不住端详起这张被乔治娅格外看重的照片来。照片的背景似乎是个果园，其间有位正在荡秋千的少女，她笑得非常开心，衣裙飞扬，年轻美丽，至多不会超过 16 岁。

记得上回她住进威罗·格伦的时候，这张照片就被摆在了桌子上。而今再次看到，不禁勾起了我心中的疑惑。我在威罗·格伦见过很多人，他们床边的小柜子上都会摆些照片，但几乎都是他们的家人，唯有乔治娅，她虽然也带来了家人们的照片，却只让它们躺在抽屉里，唯独对这张照片奉若珍宝，难道这张照片对她意义非凡？

"这上面的女孩，是你小时候吗？"我问。

"不，这不是我。"

这不是她？谁会如此珍视一张和自己无关的照片呢？

"看来，这张照片对你很重要。照片上的女孩，是你的什么人吗？"

乔治娅眼中流光一转："不，我不认识她，只是很喜欢她。"

乔治娅的解释，却让我更是疑窦丛生，她真的和这个女孩毫无渊源吗？鉴于对于她衰退症的存疑，我不敢完全相信她的话，不过也许还有另一种可能，那就是她与照片中的女孩素不相识，但是这女孩却勾起了她某种情绪。那情绪必定十分美好，以至于让乔治娅想要时刻看到她。

17.新室友露西

就在我对着那张照片浮想联翩的时候,敲门声响了起来。门打开后,我们看到佩吉正站在门口,身后跟着一位又高又瘦的老妇人。看来,这就是乔治娅的新室友了。

这是一位看起来气质不凡的女性,但神情却相当沮丧。她说她叫露特西亚·斯特拉兹,今年79岁。"叫我露西吧,大家都这么叫我。"她这样告诉我们,语气倒很和善。

接下来,通过她的自我介绍,我们知道了她和丈夫都是当年在新华沙安家的波兰移民。他们没有生育孩子,一起在乡下经营了一家大型奶牛厂,在丈夫去世后,她就把奶牛都卖给了经销商,并且变卖了废旧设施,然后将拥有的土地中的一小部分卖给了一家企业,这让她在经济上变得十分宽裕。

十天前,噩运从天而降,露西在车道上滑倒了。在从邮局回家的路上,她踩到了结在路上的冰,然后摔倒,继而导致臀骨骨折。幸运的是,倒地后不到十分钟,附近一位名叫罗伯的农夫刚巧开车路过，并发现了躺在地上的她。在她的指挥下，罗伯先是从家里找来几条毯子为她盖好，然后叫了救护车。在救护车到达后，她被送到了新华沙综合医院，第二天医生就为她进行了手术，并在她身体里钉了一根钢钉。

这场意外虽然来得突然，但也算是处理得当。但问题在于，露西是个独居的寡妇，陪在她身边的只有一只叫作"皱纹"的西班牙长耳狗。她是在 14 年前收养的它，那时她丈夫刚去世六个月，而今，这条狗也狗如其名了，因为年纪太大，满身都是皱纹。

虽然露西足够富有，但金钱却不能解决所有问题。露西有能力聘请钟点护士，但苦于找不到人手。在医院里，她得知自己在出院后不但需要人照顾，还需要进行六周的物理治疗，直到那时，她才发现当地的护士资源严重不足。院方建议她在威罗·格伦住院六周，除此之外，她真的别无选择。

露西没有家人，所以我和海瑟干脆帮她收拾起了行李。露西一边往她的书桌上并排摆放她丈夫和宠物狗的照片，一边对乔治娅抱怨道："做梦都没想到，我会陷入这种境地，沦落到养老院来。"

乔治娅只"嗯"了一下，似乎是在赞同对方，但又似乎是在不耐烦地敷衍。

"虽然我六周后就能回家，但想想看，一个人在家其实也没什么意思。"露西倒不在意乔治娅的态度，她径自说着。

"但这里就是个集中营。"乔治娅忽然说道。

露西的表情顿时变得十分费解，她看向我和海瑟，似乎想要询问乔治娅的话是什么意思，但我们只能无奈地朝她笑笑。

露西想了想，然后问乔治娅："你为什么会来护理院？"

"我是被孩子赶出来的。"

"怎么会？你看起来身体很好啊。"

"我身体……"乔治娅没有说完，"哼"了一下后道，"我说了，我是被赶出来的。"

"孩子们不可能无缘无故地这样做，法律不允许的。肯定有什么其他理由吧。"

显然，露西希望能和乔治娅亲近，所以忍不住探寻对方的秘密。很多人都有着同样的想法，认为互相交换的秘密越多，两个人的关系就越熟络，而越是初次相识的人，才越是会如此肆无忌惮地发问。从另一个角度来说，这也是很多人不喜欢和陌生人打交道的原因，他们常常会被对方的问题冒犯。

我想，如果露西知道乔治娅一直自称是 37 岁，她肯定不会如此追问了。

气氛略微有些尴尬，好在就在这时，一阵铃声响了起来，

"这是午饭铃。"海瑟对露西解释着，"这是在召集你们去餐厅吃饭。"虽然露西的腿脚不便，但是护理院并没打算将饭菜送到房间，而是决定让她多活动，因为这也是理疗的一部分。

"第一次去时很容易迷路，你跟着乔治娅一起去吧。"海瑟提议道。

露西不好意思地看了一眼乔治娅："还是让她先去吧，我现

在的动作慢极了。"

"那倒没关系。"乔治娅虽然面无表情,但是并未拒绝帮助自己的新室友。

我们一起走出病房,这才发现露西说自己"慢极了",并不是出于夸张。每迈出一步,她都需要集中精神,并忍受着明显的疼痛。"他们说,我的细胞组织里充血了。"她费力地解释着,"再过两周,疼痛应该会减轻。"难得的是,乔治娅对于这样的速度倒显得不介意,我看着她们一前一后地走在走廊里,忽然明白了乔治娅为何同意陪露西一起去,因为这让她可以像个前辈,走在前面引导着新人。

18.意外

只剩我和海瑟两个人的时候，我问她，为什么要问乔治娅的年龄。

海瑟耸耸肩："汉克跟我说的，说乔治娅自称只有37岁，所以我有些好奇。"

这倒是个很合理的解释，汉克最喜欢围着女人打转，对于海瑟这样年轻又美丽的姑娘，自然不会放过。而对于一个信口开河的人，谁又能指望他保守秘密呢？

"而且汉克说，你好像在调查乔治娅的事，还为此特意找过她一次，所以我想你应该想和她多见见，也想听她会怎么回答这样的问题。说实话，我也很好奇乔治娅为什么坚持自己是37岁。"

我感谢了海瑟的配合，不过，有个问题依然让我感到疑惑："你为什么要把自己看心理医生的事告诉她？"

海瑟耸耸肩："无所谓了，反正全护理院的人都看到了我的黑眼眶。"

我们一路走回了护士站,看到佩吉正拿着一份午餐,准备喂给史蒂芬。海瑟赶忙上前一步,接过了佩吉手中的餐盘:"佩吉,我来吧。"然后,她转过头朝史蒂芬笑了笑。

我回到了办公室里,拿出笔记本,将这几天的收获记了下来:

> 做员工评估,乔治娅拒绝正面回答尿失禁问题。
> 海瑟问乔治娅年龄,她坚持自己 37 岁;乔治娅钟爱一张女孩荡秋千的照片。

我将这两条和之前的信息又看了好几遍,可以肯定的是,乔治娅在尿失禁这件事上疑点很大,而对于年龄的问题,她则似乎真的深信不疑。只是,如果乔治娅的尿失禁是装出来的,那她到底是出于什么目的呢?对于这一点,我依然没有头绪。

我看了看表,决定先去吃午餐。然而,就在通往员工餐厅的一个拐角处时,我忽然听到了一阵斥责声。

"你怎么可以那么说他,他全都可以听到的,也完全都能听懂!"一个带着怒气的声音传来,声音很熟悉,应该是海瑟。

我停下了脚步,想听清她在和谁说话。这时,一个老年男性的声音响起:"你总是不关注我,只知道成天围着那个残废转。要知道,我比他更能解决你的寂寞。"这一定是汉克,全威罗·格伦只有他会说出这样的话。

"我一点也不寂寞。"

"可是我有点寂寞,你该知道我需要什么,我需要找点感觉。"

"那我想你可以离开了。"

汉克却很不以为然:"你可是个护士。要知道,你应该照顾我的,可是你却没用我需要的方式照顾我。"

"你自己很清楚,我的工作可不包括那种事。"

"哼,我打赌,那个瘫子也对你感兴趣。你干吗不把时间花在一个正常男人身上呢。"

我这才意识到,他说的应该是史蒂芬。史蒂芬对海瑟感兴趣?这个念头在我脑中闪过,但很快就被海瑟的话打断了。

"汉克,你在忌妒史蒂芬!难以想象,你居然会忌妒史蒂芬!"她的语气十分惊奇。

"我怎么可能忌妒一个连床都下不来的瘫子?"

"那让我告诉你两件事。"海瑟的口气依然冷峻,"第一,你完全有理由忌妒史蒂芬。他很聪明,而且关心别人,不像你,总是自私自利,愚蠢至极。第二,如果再让我听到你在他面前那么说话,我就会拿起你的拐杖,再亲手把它勒在你脖子上。"

"天啊,你别这么……"汉克还要说些什么,突然一阵急促的脚步声从我身后传来,汉克应该也听到了这声音,于是停止了话题。

下一秒,我看到佩吉慌张地跑过我身边,甚至没有看我一眼。

"佩吉，你在做什么？"海瑟的声音响起。

"海瑟，原来你在这里，我……"佩吉的声音显得十分慌乱，还带着些胆怯，然后，她才带着哭腔说出，"丢了，卡罗尔丢了！"

卡罗尔是一名阿尔茨海默症患者，虽然她的脑子已经完全糊涂了，但是身体却毫无问题。之前在家的时候，她几乎每个月都会离家走失，家人实在没有办法，就把她送到了威罗·格伦。为了约束她，每天护工会把她绑在一台轮椅上，那是一台带有一个折叠小餐桌的轮椅，是西蒙顿夫人特意为她定制的。只有在吃饭的时间，小餐桌被放下来时，她才能暂时除去绑带，等吃完后再继续绑好。

而这天中午，是佩吉负责给卡罗尔喂饭，吃过饭后，佩吉却忘记了将绑带重新绑上。等她发现的时候，轮椅已经被扔在了走廊里，自带的小餐桌也被扭开，而卡罗尔，早已不见了踪影。

听到这些，和他们一墙之隔的我，只能假装路过的样子走到她们面前。"海瑟，佩吉，你们怎么都在这儿？"我和她们打着招呼。

海瑟见到我，像是见到了救星，一把抓住我的胳膊："文森特，卡罗尔不见了，你能不能帮我去 A 楼和 B 楼找找，如果再找不到，就只能通知西蒙顿夫人了。"

我自然马上答应了下来，却看到一旁的佩吉，我猛地打了一个寒战。

19.围墙

我和佩吉找遍了 A 楼和 B 楼的每一个角落,但都没有发现卡罗尔的踪影,等我们赶回 C 楼护士站的时候,海瑟看到我们,立刻站了起来:"怎么样,没有发现吗?"

我无奈地摇头,身边的佩吉五官拧在一起,眼底发红,仿佛随时会哭出来。

海瑟看了她一眼,拿起电话,拨通号码。片刻后,听到她对着听筒汇报:"西蒙顿夫人,我是海瑟,很抱歉,卡罗尔不见了。"

不出五分钟,西蒙顿夫人就带着几名职员风风火火地赶了过来,我看到麦克娅也正在其中,而且表情很不好看。西蒙顿夫人先是简单问了一下事情经过,然后让职员们再把整个护理院搜寻一遍。等待结果的时候,佩吉低着头站在一边,不知是愧疚还是害怕,始终不敢抬头看西蒙顿夫人一眼。

西蒙顿夫人倒是很镇定,或许,她是不想让下属看到自己的慌乱,所以刻意掩饰,也或者,纯粹因为这已经不是卡罗尔第一次从护理院走失了。几乎每年,卡罗尔都会来这么一回,用她那失效的大脑和矫健的身体给大家出难题。如果说这次有什么不同,那就是冬末的天气有些寒冷,务必要在天黑前找到卡罗尔,这样才能确保她不会被冻坏。

半晌,职员们纷纷回来了,谁都没有看到卡罗尔,西蒙顿夫人叹口气:"看来,只能报警了。"她看了眼依然低着头的海瑟,然后拿起电话通知了警方,之后又把电话打给了卡罗尔的家人,抱歉地通知他们卡罗尔的事。挂上电话后,她忽然拍了下佩吉的肩膀,却什么都没对佩吉说,反而将目光转向了我:

"文森特,你刚好在这儿,我有些事想找你商量,能不能来一下我的办公室。"

于是,我跟着人群走到行政中心,继而和西蒙顿夫人一起进入了办公室。

"你为卡罗尔担心吗?"我问。

西蒙顿夫人拿出一根雪茄,点燃的同时摇了摇头:"说起来可能有些无情,但我真的并不太担心,这是新华沙,很安全,警察们也很尽职,总能找到她。"

大概是在护理院见多了生老病死的故事,对于走失这样的事件,西蒙顿夫人并没表现出太多的焦虑。

"文森特,帮我一个忙,你来看看这个。"西蒙顿夫人递给我一张淡黄色的便笺,我看到上面写着一段话:

汉克·马丁,男,80岁,高加索人,长期失业。

该患者于 1980 年遭遇中风，此后右腿瘫痪，并一直领取残疾人社会保障津贴。中风之后，他曾栖身于某寄宿中心。但由于一系列的酗酒和不正当性行为事件，该病人被社区中心判定为问题人物。基于如上原因，从四年前开始，公设辩护办公室便将该患者送到威罗·格伦护理院。他在护理院适应良好，并从此不再酗酒，然而，性亢奋现象在他身上却依然持续。据推测，他身上之所以会出现这种症状，是由于脑缺血导致了大脑皮层的去抑效应。不过，该患者的行为并未对工作人员或其他患者造成任何严重威胁。

"由于脑缺血导致了大脑皮层的去抑效应。"看到这句话时，我轻轻地念了出来，这个说法看起来非常专业，但奇怪的是，我却从未听说过，"你觉得，这个说法，能不能唬住那些检查的人？"西蒙顿夫人问我。

我反应过来："这是你自创的说法？"

西蒙顿夫人点头："没错，那帮人总想让我证明病人的残疾是生理性的，而不是社会性的，真是一帮蠢货！汉克虽然不安分，但是他并不会真的伤害谁，一旦把他送回到以前的地方，他反倒可能出现大问题。"

我把便笺递还给她："你可以放心，这样不会出现什么问题。"

西蒙顿夫人点头接过，然后打开一个文件夹，在上面的文件上飞快地签起名来。"你知道吗,"她边写边抱怨着,"每次我给这些收支账目签字,只要一看到给欧迪兹医生和注册护士花了多少钱,就非常生气。根据那些该死的规定,威罗·格伦必须时刻有一名注册护士值班,但这儿真正需要的根本不是什么注册护士,而是像海瑟那样的人,哪怕她只是个临床护士。还有那个欧迪兹医生,你见过他的吧,他总是不情愿来这儿,看看他开的那些药方,甚至都不来亲眼看看病人,只在电话里敷衍两句了事。这种医生,只会签死亡证明。"

签完了那一叠文件后,西蒙顿夫人再次习惯性地把笔一抛,之后用力靠向椅背:"其实,叫你来是为了一件重要的事,关于海瑟的事。我想,对于她的很多事,你都听说了。"

我不置可否地看着西蒙顿夫人:"我不清楚,您指的是什么事?"

"挨打的事,还有心理治疗的事。当然,这都是职员的私事,可她是威罗·格伦的宝贵资源,所以,我希望你可以稍微留意一下她,如果她有太反常的举动,希望你可以及时告诉我。"

我松了一口气,这并不是什么过分的要求:"我会留意的,您真的很关心她。"

西蒙顿夫人笑笑:"但是我也知道,年轻人未必会喜欢这样的关心。好了,不耽误你的工作了,而且,我还要等待卡罗尔的消息呢。"她一边说,一边又打开了一个文件夹,我想,整个下午,她恐怕又要埋首于这堆文件中了。

刚走出办公室,就看到不远处的麦克娅,她正盯着我看,脸色如同冰山一样。"西蒙顿夫人准备怎么处罚佩吉和海瑟？"我刚走近她，就听到她如此问我。看来，麦克娅对于卡罗尔的走失非常在意，而且认为，当值的护士和护工必须为此接受惩罚。

"西蒙顿夫人找我，并不是为了这件事。"

麦克娅冷笑了一声："每个人都不遵守规则，难怪意外会发生。C 楼根本就不该接收像卡罗尔这种需要被限制行动的病人，还有像史蒂芬和格瑞丝夫人那种全身瘫痪的病人，他们也应该被送到 A 楼或者 B 楼去。"

"你很讨厌他们吗？"

麦克娅瞪了我一眼，显得十分气愤："讨厌他们？说实话，如果是我，根本不会考虑接收这些麻烦的病人，让他们占用紧张的床位。如果是我，也不会纵容海瑟和佩吉那样不负责任的员工，如果规范再严格些，就不会有这些麻烦事。"

讲完这些，她就像是发布完宣言一样，利落地转身离开了，鞋跟用力地和地板撞击出"哒哒"的声响。

我看着她的背影，能清楚地感觉到，她对于西蒙顿夫人的不满，随着卡罗尔的走失又增加了一些。如果有一天，麦克娅成了威罗·格伦护理院的院长，必然不会允许这类事件发生，甚至她会希望卡罗尔、史蒂芬和格瑞丝那样的人，永远消失在威罗·格伦的围墙之中。

20.剪刀下的史蒂芬

那个黑暗而悲痛的早上,来得猝不及防。

那天早上,佩吉第一次迟到了。看得出来,她很沮丧,我去护士站查看乔治娅昨夜的记录时,正好看到她不停地向值班护士解释着:"昨天晚上,我的车被弟弟借用了,那个糊涂虫,他忘了关车灯,电瓶里的电全都被耗尽了。我马上找父亲帮忙,但是拖车是需要时间的,我真的没办法。"

此时海瑟已经下班了,当值的是一向严苛的苏珊护士,她不高兴地瞥了佩吉一眼,没有吭声。

佩吉的脸涨得更红了,她张了张嘴,似乎不知道说什么才好。这个时候,我其实早已经了解完了乔治娅昨天晚上的概况——一切正常,没有失禁,然而却依然没有放下记录手册,反而装出还在查看的样子。我很想看看,佩吉会怎么应付这一切,之前她曾经对西蒙顿夫人特意声明过自己"从未迟到",并以此作为自己称职的证据,如今,她却打破了自己这唯一的"优点",对她而言,这应该是件非常意外且难堪的事。

佩吉等了好几秒,看苏珊护士依然没有回应她,便用一种讨好的语调轻声问道:"现在,需要我做些什么?"

苏珊护士终于哼了一下,然后语气生硬地说:"那你去给病人们洗澡吧。"

佩吉如同获得了大赦一般,她赶忙点头,然后立刻小跑着前往补给站。不出5分钟,她又小跑着回来,拿着洗澡用品径直来到了史蒂芬的轮床旁边。这是个反常的举动,通常,无论是护士还是护工,都不会选择第一个给史蒂芬洗澡,她们会先把那些有活动能力的病人收拾妥当,这样就不用花费整天时间在护理院里寻找他们、挨个叫回病房洗澡了,而史蒂芬全无这种忧虑,他反正会一直躺在轮床上。

我依然煞有介事地盯着记录手册,心里却在猜测着:佩吉的心情应该很糟,所以她才会第一个来找史蒂芬。史蒂芬和她虽然没有和海瑟那么亲密,但是也称得上相当友好,这个时候,她大概是要找个和自己亲近些的人,寻求些心理安慰。

看到佩吉总算度过了迟到危机,我放下了记录手册,迈步离开护士站时,正看到佩吉伸手帮史蒂芬揭开半遮在脸上的床单。我想,等到中午或下午,我应该来问问史蒂芬,听听他又给了佩吉哪些建议。

就在我走出了不过几米远的时候,突然,身后传来了一阵尖叫,那声音锐利而单薄,几乎穿透了我的耳膜。

我不由自主地转过身,看到佩吉正站在轮床边,两只手僵硬而慌乱地挥舞着，那种歇斯底里的尖叫声，就发自她的口中。而她的眼睛瞪得很大，一直死死盯着轮床上的人。

我几乎是和苏珊护士同时冲到的轮床边，苏珊一把抱住接近癫狂的佩吉，而我则低头看向轮床。只一眼，我觉得浑身的血液都凝固了，头脑中"嗡"的一声巨响，继而一片空白。

史蒂芬还安静地躺在那里，但是全身的皮肤呈现出了灰色，而在他的胸口上，正插着一把剪刀，一半完全没入了他的胸膛，另一半则横在胸骨上方。

苏珊护士也看到了这一幕，她惊叫着："天哪！"随即向我大声呼喊着，"医生，快去给西蒙顿夫人打电话！快！"她叫了我好几次，我才听清她说了什么，我机械地跑到护士站，拿起听筒，拨通了西蒙顿夫人的电话。对方刚一接，我就听到一个声音从自己的喉咙窜了出去：

"快来！史蒂芬出事了！他，被人杀了！"

听筒里传来一声巨响，然后就是忙音一片。我反复试了好几遍，才将听筒放到了原来的位置，这时我才发现，自己的手正在发抖。

不远处，佩吉还在尖叫着，不过声音变得断断续续，其间开始夹杂着哭声。我一步步走回轮床边，每一步都不像是自己迈出的，似乎有股力量在推搡着我。终于，我站在床边，低头注视着史蒂芬。他还是刚才的样子，闭着双眼，嘴微微张开，胸膛一动不动，只有上面银色的剪刀分外闪亮。

余光中，有几个身影缓缓走了过来。我抬起头，看到汉克和乔治娅站在不远处，一脸惊诧地看着轮床上的景象。而他们身后的走廊里，几乎所有病房的门都被打开了，很多病人正站在门口探头探脑，冲着护士站张望。显然，佩吉的声音惊动了整个C楼的病人。

我舔舔嘴唇，朝着病人们说道："不要靠近，赶紧回到自己的病房。"尽管我自认为已经将声音提到了最高，然而话说出口，还是吃了一惊。那分明是个疲惫的老年人，声音颤抖又无力，仿佛在宣布着世界上最悲痛的消息。

西蒙顿夫人赶来时，佩吉已经不再尖叫了，她被我和苏珊护士拉回了护士站，此刻正坐在护士站的椅子上默默流泪。西蒙顿夫人直接来到轮床边，看到轮床上的史蒂芬时，她的身体仿佛被雷击中般地抖了一下。

她在护士站给警察局打了电话，随即又打电话从其他两栋楼和行政中心叫来了一些工作人员，让他们把病人们劝回自己的病房，并确保在警察到来前，所有病人都待在房中。做完这些后，她弯下腰，低声询问佩吉早上到底发生了些什么，但佩吉显然受到了极大的刺激，只是一边哭泣一边摇头，一句话也说不出来。西蒙顿夫人于是转头询问苏珊护士和我，我们便将自己看到的全都告诉了她。

西蒙顿夫人听完，点了点头，她嘱咐苏珊护士守在护士站里，不要让任何人再接近那张轮床，以免破坏现场。

之后，她走到我身边，拍了下我的肩膀："我想拜托你一件事，能不能把佩吉先带回你的办公室，让她稍微冷静一下？待在这里的话,她只要看到史蒂芬,就很难平静下来。可她是第一证人,警察肯定会首先询问她的,所以我也不能放她回家,只能麻烦你了。"

在这一刻,尽管我的心几乎被震惊和悲痛塞满了,却还是不禁萌生出一丝敬佩。在这个非常时刻,这位早已不年轻的老院长,在处理事情时依然镇定自若,几分钟内,就将一切事情安排妥当。过去,我一直认为麦克娅是全威罗·格伦最冷静的一个,但是,恐怕连她也难以做到在面对一桩命案时,还能如此思路清晰。

我点了下头,表示没问题,然后,就带着佩吉回到了自己的办公室。

落座很久后,佩吉依然在哭,手里握着我给她倒的咖啡,却一口未动。我对于佩吉的反应有些意外,自从她来到威罗·格伦后,我只见过她显露过一回情绪。我私下里一直觉得,她要么是善于伪装情绪,要么就是真的对很多事情缺乏感知。尤其是比起海瑟、格瑞丝和史蒂芬这类情绪丰富的人而言,她简直像个木偶。

而现在,她坐在那里,神情黯然,眼泪不住地流。我能清楚地感觉到,让她如此难过的已经不再是惊恐,而是一种强烈的、抑制不住的悲伤。

21.佩吉的爆发

佩吉是三个月前到 C 楼做护工的,她今年只有 19 岁,不久前刚从护理学校毕业。说起来,她是威罗·格伦年纪最小的职员,比海瑟要小上五六岁,但奇怪的是,她的身上完全没有年轻姑娘惯有的活力,取而代之的,是木讷和羞怯。

每次带新入院的病人去病房,她都会按照流程,说出那句"如果有什么需要帮忙的,可以告诉我",但那只是例行公事,因为她总是还没等对方反应,就会忙不迭地溜走。给病人喂饭、洗澡的时候,她的动作、过程全都毫无错处,但你明显可以看出,她是机械性地完成着这一切,她几乎不与对方交流,更别说像海瑟那样亲密地聊天了。每次看到她,她总是同一个状态:手里不停地干着活,但是眼神却始终空洞游离,似乎在思考着世界上最难懂的问题,又似乎什么都没想。

在史蒂芬被害前,我唯一一次看到佩吉表现出情绪,是在她第一次被评测的时候。

按照威罗·格伦的规定，员工在工作一段时间后，要由病人和同事们为她的工作打分。那次打分的结果对佩吉很不乐观，她是所有员工里分数最低的一个，西蒙顿夫人为此还将她叫去谈话。恰好那天我在护士站向海瑟询问一位病人的情况，刚巧遇到了结束谈话后的佩吉。

"蠢货！专横跋扈的老太婆！"佩吉大声骂着。

我和海瑟停下了谈话，不约而同地看向了佩吉，此刻的佩吉神情激动，胸口不住起伏，眉毛紧紧地拧在一起，海瑟忍不住问："你在说谁？"

"当然是西蒙顿夫人，除了她还能有谁？她给我读了我的评测报告，还说了一大堆的废话，我真想把那些破纸都塞进她嘴巴里！"

我和海瑟对视了一下，显然，对于佩吉的爆发，我们都很意外。

海瑟想要安抚一下这位暴躁的护工，她说道："西蒙顿夫人有时确实有些顽固，不过说实话，她已经很讲人情了。"

这番话并没让佩吉感到好受些，她依然抱怨着："是吗？可我听到的只有各种规章制度，还有她那阴阳怪气的语气，让我以为自己回到了学校，正在校长室里挨训，真是该死！"

我和海瑟没有再说话，面对佩吉横冲直撞的怒气，我们默契地觉得，沉默应该是最好的应对了。佩吉又抱怨了一阵，但慢慢地，她就不再吐槽西蒙顿夫人了，而是坐在座位上，脸上带着愠怒，一声不吭地做着手里的活。

21.佩吉的爆发

看到佩吉逐渐恢复如常,我就像看完了一出即兴的好戏,准备及时退场。而就在这时,佩吉忽然猛地站了起来,因为太用力,椅子腿与地板发出了尖锐的摩擦声。

"海瑟,你给我打了低分,是你给我打了所有护工分数里的最低分,是不是?"或许是因为太激动,佩吉忽略了此刻正是工作时间,也忽略了正站在一旁的我,她突然就开口这样问道,同时眼睛定定地看向海瑟。

海瑟惊讶地转过头,但在看到佩吉质问的神情后,她很快镇定了下来。

"是的。"海瑟答得很干脆。

"可是,我,"佩吉似乎有些紧张,"我一直还以为你是个好人。"

听到这话,海瑟突然神色大变,那是一种我从未见过的表情,她的眼中泛起金属般冷峻的光,语气异常严肃:"我有责任让病人们如沐春风,却没义务这样对待护工,这不是我的工作。"

佩吉咬着嘴唇:"你的工作?为了你的工作,你就可以踩着别人的肩膀吗?"

"我真的踩到你肩膀上了吗?"海瑟反问。

旁听这样的一场对话,无疑是件尴尬事。我轻轻咳嗽了一声,算是对她们的提示,然后,就快步离开了护士站。虽然越走越远,我的心里却忍不住翻腾起好奇:这是佩吉唯一一次爆发情绪,也是海瑟唯一一次用冷酷的态度对人,这两个人都爆发出了自己的反常一面,这样的两个人针锋相对,会出现怎样的结果呢？我突然想起了学生时代读过的小说《化身博士》，里面的杰基尔医生为了探索人情的善恶，服下了自己发明的药物，结果化身为一个叫作海德先生的凶残之徒。我甚至忍不住猜想了一下，也许在佩吉和海瑟的日常外表下，也藏着一颗不为人知的心吧。

那之后的好几天，我一直暗中观察这两人，却发现一切就像是投入湖水中的石块，虽然引发了一阵波澜起伏，却很快平息了。她们依然和以前一样交谈、工作，语气和神情上都没有丝毫的变化。

要说唯一的变化，恐怕就是佩吉和史蒂芬的关系忽然亲近了不少。有好几次，我都看见佩吉拿着字母盘，在和史蒂芬交流着什么。我曾经侧面问过史蒂芬，他给出的回答是：

"佩吉/没有/思考/的/习惯，我/在/帮她/思考。"

"看来，你又多了一个学生。"我和他开着玩笑。

"不，我/并不/好为人师，我/只是/希望/她/不要/浪费/自己/健康的/身体。"

史蒂芬比任何人都渴望拥有一个健康的身体，或许正是因为这样，他才最不能容忍一个灵魂空洞的健全人。

而此时此刻，佩吉流着泪坐在我对面，那么惊恐与难过，却比以往任何时候都像一个正常的年轻女孩。

"我知道你很害怕，毕竟这是一桩人命案。"我对她说。

她微微转动了一下手中的咖啡杯，许久才说："我是很害怕，我从未见过凶杀案。你呢，医生？"

我摇摇头，告诉她自己也是第一次。

21.佩吉的爆发

"可是,"她继续说道,"可是,我也很悲伤。史蒂芬,他是多么好的一个人啊,为什么会是他……"说到这里,她有些哽咽。

我的眼底有一股热潮泛滥起来,之前一直被自己强压下去的情绪,此刻似乎呼之欲出。我强迫自己镇定一些,并不断提醒自己:你是个男人,更是个心理医生,现在你的对面坐着一个情绪崩溃的年轻女孩,你得做点什么去安慰她,而不是和她一起哭。

"是啊,你之前就说过,他对你很友好。"

佩吉的眼泪立刻掉了下来:"是的,他是真的关心我,不是出于客套。之前我被西蒙顿夫人叫去谈话,还有我不小心让病人逃跑的那次,还有我因为和家里人吵架而心情不好的时候,他都会安慰我。虽然用字母盘交流很费劲,但是他依然对我说了很多的话,那些话从没人跟我说过。"

我的眼前,顿时浮现出他们用字母盘交流的样子,似乎都听到了史蒂芬指关节叩响键盘的声音。但同时,我还感到了羞愧。佩吉说的那些事情我都知道,却从来没想过要去安慰她,或者说,从来不认为她在那些时刻需要安慰。我的精力,几乎全都投入到了解开乔治娅失禁的谜案上面,佩吉对我而言,就像是个只需在见面时点头问好、无须真正走进她内心世界的人。

比起史蒂芬,我不是个合格的心理医生。

"如果你愿意的话,以后有烦恼的时候,可以来找我。"我对佩吉说道,这句话并不是客套,确实是发自肺腑。

佩吉感激地看了我一眼,然后终于举起杯子,喝了一口咖啡。就在这时，有人敲响了办公室的门，一名工作人员走进来告诉我："警察已经来了，西蒙顿夫人让你和佩吉一起过去。"

在重返护士站的路上，我观察了一下佩吉，她依然红着双眼，但是已经不再浑身发抖了，虽然我自认为并没安慰到她什么，但是短暂的倾诉，或许真的给她带来了一些镇定。等我们走到护士站的时候，看到眼前已经是这样的一番景象：黄黑相间的警戒线拉在走廊里，将护士站和轮床全都圈在了里面，轮床旁多了两个巨大的曝光灯，轮床四周和字母盘上都撒了粉末，我猜应该是为了提取指纹，一位法医之类的警务人员，正拿着相机不断对着尸体拍照。

而护士站旁正站着西蒙顿夫人和几位警察，他们表情严肃地讨论着什么。听到脚步声，几个人转过身，看到佩吉和我，西蒙顿夫人向其中一名年轻警察主动介绍道："他们来了，这就是另外两位在今早发现死者的人。"

话音刚落，那位警察向我们伸出了手："我是佩特里警探，是这桩案件的负责人。"

22. 警探佩特里

佩特里长着一张典型美国青年的面庞，一头极短的金发，一双浅褐色的眼睛，脸部线条十分硬朗。但和我以往在新华沙见到的警察不同，佩特里身上有着一种精干而严肃的气质，他的警服异常洁净平整，扣子一直系到最上面的一颗，走路很快，与人对视的时候，眼睛里总会透出一种锐利的光，握手短促而有力。

"我们刚刚已经初步检查过死者，剩下的取证工作，就交给法医去做了。现在，我们想了解一下这位死者的基本情况，然后和几位与案件有关的工作人员分别谈谈话，您看可以吗？"他一边询问着西蒙顿夫人，一边将手中的笔记本翻到新的一页。

尽管这位警探的话并无错处，但是"死者"这个冰冷的术语，却仍然让我心中一沉。

西蒙顿夫人点点头："当然。"然后将佩特里警探、佩吉、苏珊护士和我一起带到娱乐室，把这里作为临时的谈话室。

"我刚刚检查了死者，他是个残疾人？"佩特里坐定后问道。

西蒙顿夫人答道:"是的。"

"他能自己做些什么吗?"

"不能。无论是洗澡、翻身,还是进食,他都需要有人帮忙。"

"那么,他总能说话吧。"

"不能,他连话也说不了。不过,他可以和人交流,他轮床的床头一直挂着一个字母盘,只要你帮他拿好,他就能用指关节敲出想表达的话。"

西蒙顿夫人继续介绍道,但语气陡然悲伤起来:"本来,我们已经打算帮他买台电脑,复活节前他应该就可以用上了。虽然,电脑不能帮他敲得更快,但能让他看见屏幕,别人也能更容易明白他的意思。如果不是出了这事,他应该能写一本书,事实上,他已经在计划了。"

"一本书?"

我注意到,佩特里的眼神在那一瞬有了变化,他略微瞪大了眼睛,随即又恢复如常。这是个下意识的反应,通常出现在惊讶或恐惧时,看来,他对于所听到的事情感到有些不可思议。

"是的,他连书名都想好了,叫作《绝望的力量》。"

"写书是个伟大的理想。"他评论着。

"对于史蒂芬来说,倒未必如此。他虽然身体残疾,但是大脑却一点都不,我想,他应该比我们中的任何一个人都聪明。"

佩特里又呈现出了刚刚的那种神情。我多少可以明白他的心情,任何未曾真正与史蒂芬交流过的人,都很难相信,一个身体残疾到如此程度的人，会有着那么深刻而生动的想法。

"平时都有什么人来看他吗？"

"只有一个，是科尔医生，他是位心理医生，当年就是他发现史蒂芬不是智障的，还为此专门写了一本书。他到现在还是很关心他，一年大概会来四五次。"

"死者有什么家人或者亲属吗？"

西蒙顿夫人叹了口气："他两岁时就被父母送到了残障儿公立学校，那时候他们一定也很痛苦吧，生下一个畸形而没有希望的孩子，简直就是一出人间惨剧。那之后的三四年，在发现他不是智障时，校方曾联系过他们，但他们明确表示已经放弃史蒂芬了，而且不希望自己的生活再被影响。"

"听上去真是残忍。"佩特里的眉头微微皱了起来。

"没错，但其实多少也能理解。在决定放弃他时，他们已经承受过一次痛苦。我想，他们只是不想再承受更多痛苦。按照我们的记录，他们只要求在他去世时得到通知，而这也是我今天需要做的。据我所知，他们已经整整27年没见过他了。"

"一次也没有吗？"

"一次也没有。"

"那么，护理费用是由谁负担呢？"

"州政府。他父母之所以要和他断绝关系，可能也有这方面的原因，害怕州政府会要求他们自己承担费用。"

佩特里不停地在他的本子上记录着，虽然我看不到他具体写了什么，但是能看出他的书写有力又认真，毫无很多年轻人惯有的毛躁。我想，他这么年轻就能当上警探，一定有着过人之处吧。

记录完毕，他抬头问西蒙顿夫人："能把他的有关资料给我吗？"

西蒙顿夫人赶忙让苏珊护士去护士站取来护士记录，还特意让她顺便一起拿来了科尔医生写的那本《重生》，佩特里把书放在一边，翻开记录手册看了一眼，然后宣布："这些资料现在由我保管。此外，我还需要和死者有关的一切记录，在我离开之前，请务必整理好给我。接下来，我想分别问工作人员一些问题，首先，我想和那位发现尸体的护工单独谈谈。"

西蒙顿夫人、苏珊护士和我马上站起身来，离开了娱乐室，只剩下佩吉和警探在屋中。出来后，我们自觉地站到了临门口稍远些的地方，西蒙顿夫人有些担忧地看了一眼那扇关着的门，小声说道："不知道佩吉能不能把事情说清楚。"

这时候，一位警员走了过来，他是与佩特里警探一起来到现场的，名叫米歇尔。说起来，米歇尔算是威罗·格伦的熟人，这么多年来打过不少次交道，两周前还帮我们寻回了那位走失的阿尔茨海默症病人卡罗尔。听西蒙顿夫人说，在她刚来到新华沙的时候，他就已经在这里的警局工作了，只不过直到今天，他还只是一名普通警员。

"我猜你们一定吓坏了，说实话，听说是威罗·格伦出了命案，我也吓了一跳，谁能想到在护理院会发生这样的事。"他兀自发着感慨。

22.警探佩特里

"确实没想到,虽然我们这里总会有人去世,但从未出过凶案。"西蒙顿夫人承认道。

"对了,你们刚才也看到了,那就是新来的佩特里警探,他上周才刚从纽约调来。说实话,我真不理解为什么有人会从纽约跑到这里来,不过,他也算是年轻有为,我之前的那几位上司,还没有谁能在 29 岁就当上警探的呢。"米歇尔主动向我们介绍着,对于一位比自己小了 20 岁的后辈却成了自己的上司,他显得毫不在意。在新华沙,大部分警察都和米歇尔差不多,对于自己能否晋升并不关心,只希望自己上班的日子里别出什么乱子。这或许和这里的人口与繁华程度有关,在这么一个人口不多、僻静安宁的地方,人们很难萌生出"要有一番作为"的欲望。

只是不知道,那位精明能干的佩特里警探,又是为何要放弃在纽约的生活呢?那一刻,我确实也感到了疑惑。

"29 岁,说起来,史蒂芬也是 29 岁。"西蒙顿夫人开口说道。

这句话,让气氛再次沉重起来,连米歇尔都忍不住叹了口气。或许大家都意识到了一件事——史蒂芬将永远定格在 29 岁。

沉默很快就被一阵开门声打破了,大家看过去,是佩吉打开了娱乐室的门。看得出来,她刚刚又哭过了,不过情绪还算平稳,她擦了一下眼睛,然后对我说:"医生,佩特里警探请您进去。"

我走进娱乐室,关上了身后的门,然后坐在了佩特里对面的位子上。

这位年轻的警探看着我:"文森特医生,根据之前西蒙顿夫人的介绍,你是这所护理院的心理医生,对吧?"

我点点头:"准确地说,是实习心理医生。"

"能不能简单说说今早发生的事。"

"我去护士站查看病人昨晚的记录,正巧碰到佩吉准备去给史蒂芬洗澡。在我刚要离开的时候,忽然听到佩吉叫了起来,我跑向轮床,就看到史蒂芬的胸前被插了一把剪刀。然后,我通知了西蒙顿夫人。"

"你碰过那把剪刀吗?"

"没有。"

"那别人呢?"

我回忆了一下:"在我所能看到的范围里,苏珊护士没有碰过,至于佩吉,是她帮史蒂芬掀起盖在身上的床单,所以在这个过程中是不是无意碰到了,我不敢断言。"

"你和死者的关系怎么样?或者说,你觉得他是个什么样的人?"

我深吸了一口气,一股悲痛的感觉涌了上来:"史蒂芬是个很有智慧的人,西蒙顿夫人刚刚说他可能比在场的所有人都聪明,这不是夸大,而是事实。他很有求知欲,也很爱思考,人也非常友善,我和他的关系很好,几乎每天都会聊一会儿。如果深究起来,他其实是我来到这里的一个重要原因。"

听到我的最后一句话,佩特里警探的眼神变得警觉起来:

22.警探佩特里

"真的吗？能不能具体讲讲？"

于是，我把自己当年无意中读到《重生》，然后进入科尔医生的诊所，继而被派来威罗·格伦的事情简要地告诉了他。他一边在笔记本上快速书写着，一边抛出下一个问题："你觉得包括你在内的所有人，会有什么理由想杀害他？"

"我想不出来。"我几乎是脱口而出，并非是敷衍，而是我真的想不通谁会对史蒂芬下此毒手。

"佩吉小姐呢？他和史蒂芬的关系怎么样？"

"据我所知，关系很好。她亲口对我说过，史蒂芬对她很友好，总在她深陷困难的时候安慰她。"

几秒钟后，佩特里警探停住了笔，他抬起头，很官方地向我表示了感谢，然后告诉我，有需要的话或许还会找我谈话，继而，他让我把苏珊护士叫进了娱乐室。

等待的时候，我和佩吉并没有交谈，大概是因为不消多说，也都能猜出佩特里各自问了我们一些什么。十几分钟后，苏珊护士和佩特里警探一起走了出来。我们被再一次告知，近期尽量不要出游，因为警方有可能随时就一些问题再次询问我们。

"院长，有两个人我还需要您去通知。"佩特里将手中的护士记录拿到西蒙顿夫人眼前，将上面的两个名字指给她看，西蒙顿夫人会意地点点头，然后去护士站打了两个电话。距离很近，我们清楚地听到电话是打给伯莎和海瑟的。

"对，请你务必赶来护理院，刚刚发现史蒂芬他——被害了。"西蒙顿夫人这样说。

23.悲伤的威罗·格伦

伯莎和佩吉一样都是护工,但与佩吉不同的是,她向来只上夜班。原本,她是附近农场的一名农妇,后来孩子们都长大了,家里农场的工作也越来越少,她索性就到威罗·格伦做起了夜班护工。

夜间工作很辛苦,大部分人并不喜欢在夜半三更工作,正因如此,西蒙顿夫人特意制定了轮换制度,要求护士和护工必须轮流夜班。但伯莎却主动提出,她愿意一直夜班,C楼其余几个护工自然很感激她的提议,西蒙顿夫人想到可以在安排轮班时省些事,也爽快地答应了下来。

不过,与其说伯莎是好心为人着想,不如说她是为了自己方便。所有和她一起值过夜班的护士,都说起过伯莎的一个爱好——读书。在每一个少有人打搅的漫漫长夜,她都能通宵埋头于书中的世界,直到天色变白。

海瑟曾经向我形容过伯莎入迷的样子,说她能整晚保持一个

23.悲伤的威罗·格伦

姿势不动,仿佛书里有着某种魔法,把她牢牢吸在了那里。我问海瑟,伯莎一般都会读些什么书,海瑟想了想后说:"我看到过几本书的封面,好像都是爱情小说。"

这么一位沉迷于爱情故事里的 60 岁女性,会对史蒂芬痛下杀手吗?

作为心理医生,我自然知道一个人的喜好和是否会成为杀人犯之间,并没有必然联系,但是又很难相信在同一个人身上,会出现这样浪漫与血腥的反差。

伯莎从娱乐室出来时的表情,和她进入时一样平静。看来,史蒂芬的死在她心中未曾掀起波澜,与佩特里的一番谈话也没有影响她的情绪。与她形成鲜明对比的,是随后海瑟赶来时难以抑制的悲恸。

她几乎是冲到护士站的,满脸泪水,步伐踉跄。

"让我见他。"她哀号着,"史蒂芬,他们对你做了什么?"不知道是不是情绪太过激动的缘故,她对一旁的我们视若无睹,眼睛像是失了焦一样,一边不住流泪,一边茫然地寻找着什么。

米歇尔警员不得不拦住了她,让她冷静下来,而她猛地一把推开他,近乎咆哮地喊道:"走开!我要见他!"

我转头看向西蒙顿夫人,看到她正一脸错愕地看着眼前这一幕,就连她身边的佩吉,都惊讶地圆张着嘴巴。我猜,此刻我的表情一定和她们一样。海瑟并不是第一次在威罗·格伦见证死亡,事实上,她算得上这里与死亡打交道最多的人。以往她在送别病人时也会悲伤流泪,但从未如此失控过。

就在我犹豫要不要帮忙拦下海瑟的时候,佩特里闻声从娱乐室里跑了出来。他迅速来到海瑟的身后,用手紧紧钳制住她,海瑟顿时难以行动,但身体却还在努力挣扎。

"快停下!"佩特里先是大吼一声,大概觉得这样不太妥当,又换了一种稍微平和些的语气说道,"我是佩特里警探,这里由我负责。未经我的允准,包括你在内的任何人,都不得擅自行动。请你先冷静一下。"

大约是听出了话里的威严,海瑟渐渐不再动弹,但脸上的悲怆却有增无减,她口中不断请求着:"我要见他。"继而,就呜咽着哭了起来。

"你现在就可以见他。"佩特里说道,"他就在那边,你转头就能看到。"

确实如此。不远处的轮床上,史蒂芬的遗体还躺在上面,像被遗忘了一样。剪刀依然插在他胸口上,床单只盖着生殖器部位。

"我想摸摸他,我想抱抱他。"海瑟哀求道。

"你不能碰他。"佩特里的回答不容置疑,"在法医到达之前,任何人都不能触碰尸体。如果你想抱他的话,可以等尸体进了殡仪馆。"

"佩特里警探,"西蒙顿夫人突然开口道,"请你放开海瑟,好吗?"这时,她的神情已经恢复了平时的威严模样。

佩特里稍微松了松手,但手指仍然抓着海瑟的小臂,用询问的口气问她:"你就是海瑟?昨晚的值班护士?"

海瑟含着眼泪点了点头。

"请跟我到娱乐室来。"佩特里一边说着，一边拉起了她的右臂，直接把她拽了过去。而直到这时，海瑟才仿佛第一次意识到了他的存在，她稍微擦了下眼泪，低着头，跟着他进了房间。

"真是毫无绅士风度。"西蒙顿夫人一边摇头，一边看着紧密的大门感慨着。我也不由看向那扇大门，我有种预感，等这扇大门再次开启后，威罗·格伦即将迎来一场前所未有的风暴。

在西蒙顿夫人的办公室里，她将身体陷进椅背中，点上一根雪茄，然后疲惫地闭上了眼睛。

"我实在累坏了，我很想给你冲杯咖啡，但是现在，恐怕你只能自己动手了。"她对我说着。

我很快煮好了两杯咖啡，西蒙顿夫人喝了一口，长长地出了一口气，似乎疲惫稍减："还有一件事要拜托你，请你去通知一下科尔医生吧。我还有太多事要应付，我得安抚病人和他们的家属，那些家属肯定会把我的电话打爆，对了，还有媒体，他们的鼻子最灵，一定不会放过杀人案件这样的题材。"

我答应了下来，然后坐在沙发上，慢慢喝着滚烫的咖啡。窗外的夕阳发出金橙色的光，预示着这一天将要落幕。此刻，史蒂芬的遗体已经被警方拉走，佩特里警探和其他警员也都离开了护理院，警方的调查明天还会继续，而且扩大了范围，所有C楼的病人都会被叫去一一谈话。佩吉因为受到了惊吓，下午就被西蒙顿夫人特许回家休息了，伯莎和海瑟在谈话后也都回了家，但是下一个值班日时，她们就可以再回来。

所有人都可以再回来，除了史蒂芬。

想到这里，我压制了一天的情绪，终于难以自抑。我感到了悲伤，排山倒海一样的悲伤。史蒂芬是我的好友，这毫无疑问，从我第一次在书里读到他的故事时，我就已经和他的精神无限亲近了，而在威罗·格伦的每一天，我都能从他的身上获益，他是那么智慧，又是那么善良，我从未想过他会以这样的方式离开。

一想到他的死，我的心里又无法控制地感到愤怒。竟然有人会杀死这样的一个人，他从没有伤害过谁，也不可能妨碍到谁，他的身体残疾到如此程度，从出生就在经受苦难，现在，那个凶残的人，却连他活着的权利都剥夺了。

可是，我感受到的还不止这些。我身体的某一部分，似乎对于史蒂芬的离去，早就有着思想准备，甚至觉得这在意料之中。我早就明白了一个现实，那就是史蒂芬的生存概率要比普通人更低。像他这么一个僵硬、瘫痪而且无法行动的人，会很容易感染疾病，不过，谋杀当然不在我的设想中。而我的不吃惊，相当程度上不是因为他的身体，而是因为他的头脑。记得史蒂芬曾经对我说过："我 / 有 / 一个 / 很老的 / 灵魂。"当时我还很费解，但在之后，我慢慢有了一种感觉，那就是——史蒂芬似乎已经准备好回归家园了。

复杂的情绪在我心中翻涌，我只觉得胸口发闷，眼泪不由自主地往外流。我有些不好意思地看看西蒙顿夫人，却发现她也眼睛通红，我想，我们陷入了同一种情绪。说起对史蒂芬的感情，西蒙顿夫人只会比我更深，她和史蒂芬在这里相处了 12 年，他称得上是她最重要的病人，也是她重要的朋友。

我们就这样默默流了一会儿泪，然后，西蒙顿夫人看着窗外，缓缓地说："不知道现在的史蒂芬，四肢是不是能舒展开了。"

我想象了一下史蒂芬正常行走和说话的样子，如果真能这样，他一定会很高兴。

"我想，应该可以了吧。"我回答道。

回到自己的办公室后，我把史蒂芬的死讯告诉了科尔医生，他在电话那头半晌都没有出声，我只能听到他沉重的呼吸。

"我知道了，你明天可不可以来一趟诊所。"

我答应了，我想，史蒂芬的离开，对科尔医生来说一定是个沉重的打击，他需要倾诉，而我，或许算是个合适的人选。

24.科尔的牵绊

第二天一早,趁着诊所还没营业,我就来到了科尔医生的治疗室。他为我开门的时候,手里正拿着一个牛皮纸袋。

我们坐下后,他从纸袋里拿出一个苹果,和一个全麦面包做的金枪鱼三明治,略有歉意地对我说:"不好意思,希望你不介意我边吃早饭边跟你说。"

我当然不会介意,于是,他一边吃着简单的早餐,一边询问史蒂芬被害的细节。我把昨天自己见到的一切都告诉了他,他的表情比我想象的平静,等我说完时,他刚好咽下了最后一口三明治。

"你知道吗?在你昨天刚刚告诉我史蒂芬的死讯时,我一度非常后悔。"

"后悔?"对于他的措辞,我感到有些费解。

科尔医生点了点头,然后,给我讲了一个久远、又有些沉重的故事:

24.科尔的牵绊

事情发生在"明信片风暴"的那个夏天,在离科尔医生回耶鲁大学报到不到两周的时候,他让史蒂芬好好想想,还想看什么样的明信片。史蒂芬认真地想着,但是片刻后,他却哭了起来。

那是科尔第一次看到史蒂芬落泪,即使在条件恶劣的"白痴病房"时,他也从未见这孩子表露过悲伤。而现在,泪水从他僵硬的脸颊上滚落,他似乎努力想要用微笑掩盖,但是很明显,他的肌肉连一丝笑容都挤不出来。他或许也想痛哭,但是这张脸同样连这样的表情也做不出。

科尔惊讶地问他怎么了。"没什么。"他轻轻敲出这句话。

"胡说!"科尔自然不相信,"你必须说实话。"

过了很久,史蒂芬才终于吐露了心声:"巴黎。从没 / 见过 / 巴黎。从没。从没。从没 / 见过 / 一颗 / 椰子 / 树。只有 / 卡片。什么 / 也没 / 见过。只有 / 卡片。"

科尔愣在原地,紧接着,心中一阵酸涩。是呀,这就是现实,这个男孩的躯体,一辈子都只能被禁锢在医疗机构的床榻之上。他永远都不可能到处去旅行,只能在心里默默想象着这一切。

悲凉感弥漫在科尔心间,但是他以为这一次流泪,不过是少年一时的内心波动,很快就会风平浪静的。确实,自那以后,史蒂芬再也没有提过这件事,直到科尔从医学院毕业,马上就要成为真正的医生了。而恰在那时,州政府已经不打算继续为史蒂芬提供特殊教育了。

"我会尽力拖延时间。"科尔在去看望他时,向他保证道,

"我会向他们提出，根据法律，你在 16 岁之前都有权接受教育。不过，既然他们已经有了那种打算，早晚都会把你送进护理院的。那里的情况可能和'白痴病房'里一样糟，除了喂饭和洗澡，工作人员可能没办法再多做些什么。对于这一点，我很抱歉。"

"我 / 可以 / 来 / 和 / 你 / 住。"史蒂芬敲道。

科尔只好耐心向他解释，为什么这是不可能的——他有自己的生活要过；他已经是个精神科的实习医生了，工作的地方也离这里很远；他每年只有两周假期；而且，以后他也总归要结婚生子，这样一来，就连来探望他的机会也不多了。

听了这些，史蒂芬缓慢而用力地敲道："你 / 应该 / 把我 / 留在 / 白痴 / 病房。那样 / 对我 / 更好。我 / 可能 / 早 / 就 / 死了。真 / 希望 / 我 / 已经 / 死了。"

对话到这里，似乎沉默是唯一的结局了。

"我想，史蒂芬大概用了几年的时间，才逐渐接受了现实吧。在那几年里，他肯定每时每刻都在痛苦中煎熬，他需要挣扎着摆脱对我的依恋。"

后来，因为工作忙碌，科尔医生去看他的次数越来越少了，在一次探视中，史蒂芬对他敲出了这样的话："我 / 已经 / 用 / 上帝 / 代替 / 了你，这 / 不是 / 信仰，因为 / 我 / 没有 / 选择。你说，当 / 你 / 没有 / 选择 / 时，这 / 还叫 / 信仰 / 吗？"

对史蒂芬来说，这不仅是一个与自己搏斗的过程，更是一场与信仰进行的角力。他必须强迫自己去顺应这个世界的普遍规

24. 科尔的牵绊

则,而那些规则在他这样一个残疾人身上,通常会以最残忍的方式体现出来。

比如分别,比如失去,比如无能为力。

尽管,他从未真正踏入过病房外的真实生活,但是生活赋予的痛苦,他却不会少经历分毫。在史蒂芬度过16岁生日后,校方立刻开始为他联系护理院。而到了真正离开的时刻,他已经不那么抗拒了。他先是进了一家护理院,那里真是糟透了。一位护工总是偷偷打他,这让他差点丧命在那里。后来在他17岁的时候,在科尔的干预下,他又被转到了威罗·格伦。

"就在昨天,你告诉我史蒂芬的事情后,我确实捶胸顿足了一番,我设想,如果自己当初把他带回家,那他在以后的很多年,应该还能活着。可以说,在我16年来的职业生涯中,还没经历过任何可以与之匹敌的痛苦。但是,我却不后悔,你知道为什么吗?"

科尔医生说到这里停了下来,他看着我,似乎在等我说出答案。我只好摇摇头,坦诚地表示自己并不了解。

"因为,我并没有敷衍他。当年,我是真的认真考虑了他的请求,我一度觉得,为了他,我是可以牺牲自己的职业生涯、婚姻以及普遍意义上的家庭生活的。我甚至好好计划了一番,如何一边挣钱,一边照顾他,但正是在计划的过程中我才明白过来,即使我牺牲了自己的一切,依然能力有限,无法照顾他一生。但是,恰恰是由于当年那些真诚的念头,而今知道史蒂芬死于非命,我也并不会愧悔交加。"

听着科尔医生讲完了他和史蒂芬的过往，我忽然有些明白了他特意把我叫来诊所的用意。他和史蒂芬之间有着深刻的牵绊，这里面有感恩，有扶助，有理解，甚至在某些时刻还有着愧疚和抱怨。他从未给史蒂芬进行过心理咨询，但是从某种意义上说，史蒂芬却是他此生最好的案例。

他希望能有一个人能知道这一切，因为这不仅是他人生中一段重要的经历，也是史蒂芬留给这个世界更多的侧影。

在回护理院的路上，我忽然想起之前和史蒂芬一次聊天，我问他在他记忆中最美好的一件事是什么，他用了很长时间，敲出了一段往事。

那是在那一年的夏末，他被换了一次病房，新病房是在另一栋大楼里。他记得自己被人从床上抬下来，被放到轮床上，接着就上了公路，被人推着向另外一栋楼走去。他记得那是自己第一次看到了蓝天白云，看到了户外的景色，看到了过往车辆，还看到了在路上走着的孩子们。那一刻，他才知道，世界原来是这么丰富多彩。"那次 / 搬离，才是 / 我 / 能够 / 想起的 / 人生 / 第一次 / 真实 / 记忆。"他曾这样对我说。

25.证人乔治娅

从科尔医生那里出来后,我径直回到了威罗·格伦。刚一进大厅,我就看到佩特里警探和米歇尔警员站在护士台旁边,他们正拿着一个很厚的文件夹,和西蒙顿夫人说着什么,而麦克娅也拿着一摞资料等在一边。

我和他们打过招呼,准备走回自己的办公室,却被佩特里叫住了,他们让我一起去西蒙顿夫人的办公室。

"我们现在有一个疑问,是关于衰退症的,这方面你在全威罗·格伦无疑是懂得最多的人。我们想知道,衰退症是否会引发一个人的幻觉,看到一些并不存在的景象,比如,和性有关的?"刚关上办公室的门,佩特里便这样问我。

这个问题让我无比错愕,我整理了一下思路,才告诉他:"有极少数的衰退症患者是会这样的,比如以为有人想要强奸自己,再比如幻想自己有几个情人。不过,这种情况很罕见。"

"你是威罗·格伦的心理医生,请你告诉我,乔治娅女士身上是否有过这样的幻想？"

"据我所知，没有。"

佩特里点了点头，在他的笔记本上记录了下来。然后，他又说："其实找你来，还有另外一件事。今天下午，我要去肯尼斯·贝茨的事务所一趟，希望你能跟我一起去，因为恐怕要探讨一些和衰退症有关的事，我希望你能在场。"

肯尼斯·贝茨，我默念着这个名字，隐约记得，这是乔治娅儿子的名字。这个邀约让我不禁疑窦丛生，警察为什么要去找他？难道他和史蒂芬的死有什么关系？还是说——他们一直是在怀疑乔治娅？没错，一定是这样，他们刚刚问了我关于乔治娅衰退症的事，证明这件事一定和乔治娅有关。

我在脑中飞速搜寻着乔治娅与史蒂芬的交集，如果我没记错，除了她之前看了科尔医生写的那本《重生》，并和史蒂芬有过一次短暂交谈外，他们再也没有过其他沟通了。乔治娅并不是个喜欢关心别人的人，这注定了她的好奇心也只能是转瞬即逝。

这样的一个人，会对史蒂芬心存歹意吗？

"我很愿意协助警方，但是我只是个心理医生，不知道能发挥什么作用。"我表现出疑惑的样子，希望能让他们多透露一些信息。

"文森特医生，你很重要，我们需要你帮忙判断乔治娅的衰退症是否严重，我还听说，你一直关注着她的病情。"

我看向西蒙顿夫人，她朝我轻轻地点了点头。我想，她是在暗示我答应下来，于是重新看向佩特里："好的，没有问题。"

25.证人乔治娅

在去肯尼斯的事务所的路上,我很期待佩特里能主动说些什么,这样我就可以从中捕捉些信息,好印证心中的猜测。然而,佩特里不停地看着外面的景象,眼神中还流露出了欣赏之色。这让我不禁也往外看了看,却发现除了一片又一片规整的田地,什么都没有。

能对如此枯燥的景色这么着迷,这位警探,真是有些奇怪。

"关于乔治娅夫人的衰退症,你能简单说说吗?"

我据实以告,告诉他:乔治娅进入威罗·格伦是因为尿失禁,这是衰退症的症状之一,不过,她的衰退症在威罗·格伦总能有所缓解;但另一方面,她在第二次入院的时候,对于时间开始出现了混淆,尤其是自己的年龄,不过,至于早上他提到的性幻想,乔治娅身上确实没有出现过。

听完我的叙述,佩特里的眉头拧了起来,似乎这对他而言,并不是个好消息。

"怎么,乔治娅夫人和史蒂芬的案件有关吗?"我索性直接问出了口。

佩特里讳莫如深地看了我一眼:"确实有关,她是一名重要的证人,不过,其他细节我恐怕不能告诉你。我现在很希望知道,她的衰退症是否会影响她证词的可信度。"

需要我的协助,却不愿意告诉我细节,我无奈地耸耸肩。不过,这次对话也不是一无所获,既然是证人,就证明乔治娅并非是嫌疑人。那么,她的证词,又会让警方将怀疑的矛头指向谁呢?

在肯尼斯的事务所里，我着实为他办公室的宽敞和舒适感到震惊。就在他办公室之外，他的那些员工正在狭窄的小隔间里忙得不亦乐乎，景象和肯尼斯这里有着天壤之别。显然，这家事务所非常成功，而肯尼斯·贝茨作为合伙人，也非常成功。一周前，我还想着何时可以来找肯尼斯，聊聊乔治娅衰退症的事，谁能想到，我们竟然会因为一桩谋杀案，以这样的方式见面，而且在场的还有一位警探。

"你听说发生在威罗·格伦里的那宗凶案了吗？"落座后，佩特里直接问道。

"听说了。我妻子今早在报纸上看到了新闻，并给我打了电话，稍后我也看到了报纸。之前在我去探望母亲的时候，还留意过那个受害人，这可真是个诡异的案子。"

"确实诡异。"佩特里赞同地说，"我之所以来见你，是因为你母亲很可能是位外围证人。"

"我母亲吗？她看到了杀人的过程？"肯尼斯显得很吃惊。

"并不是这样，她的证词不是针对凶案本身，而是针对一系列的相关事件。但对于她证词的可靠性，我还有些疑问，所以来找你，你能跟我讲讲她的过去吗？"

肯尼斯很配合地讲述了母亲的经历，从母亲渐渐开始失禁，到她不得不先后两次进入威罗·格伦。

"她的思维怎么样呢？清不清晰？"佩特里问道。

肯尼斯思索了半晌，才说："这恐怕完全取决于你对'思维清晰'的定义了。对于自己的处境，或者说自己一些行为的后

25.证人乔治娅

果,她似乎没有很清楚的认识。她一直坚持,是我们夫妻俩无缘无故就把她送进了护理院,因此她对我们俩充满敌意。当然,我并不是为自己开脱,但我认为,她在这方面的思维肯定是不清晰的。"

佩特里看向我,应该是在印证肯尼斯的话。我向他微微颔首,表示肯尼斯所言非虚:"是的,乔治娅是典型的中等程度的衰退患者,这类病人情况时好时坏,在前一分钟可能还表现得很有条理,可到了下一分钟,或许就完全糊涂了。"

"那么,你母亲什么时候会糊涂呢?"佩特里继续问肯尼斯。

"她确实会忘记一些事,但那通常都是些微不足道的小事,没什么重要的。与其说忘了,倒不如说她不想花心思记住。可一旦碰到自己感兴趣的事,她的记性可能会变得比我还好。"

"今天早上,我在和她谈话时,她说自己今年 37 岁。"佩特里接着说道,"我也向医生询问过,他也听到乔治娅夫人说过一样的话。"

肯尼斯做出个无奈的表情:"是的,在这方面,她的思维也不怎么清晰。"

佩特里手中的笔一刻不停,将对话全都记了下来。

"可是,为什么偏偏是 37 呢?"对于这个数字,他似乎有些好奇。

不仅是佩特里好奇,我也对于这个数字百思不得其解,难道,在乔治娅 37 岁那年,发生过什么毕生难忘的事件吗?还是说,这个数字对她有着其他重要的意义?

"这倒是个很有意思的问题。"肯尼斯沉吟道,"我之前还真的没有想过,为什么一定要是 37 岁。"

"那请你告诉我,你母亲有没有编造过其他什么故事?"佩特里又问道,"除了她的年纪和她被赶到护理院的理由以外,比如,和性有关的故事?"

听到佩特里再一次提出这个问题,我一下子敏感起来。佩特里不仅将这问题提及了两次,而且还特意向肯尼斯求证,看来乔治娅一定说了件与性相关的事,而且这事情非常关键,和史蒂芬的死紧密相连。

"上帝啊,不可能。"肯尼斯大惊失色,神情满是尴尬,"我母亲从没做过那种事。事实上,她好像很不喜欢性。所以,应该没有你说的那种可能。"显然,肯尼斯很想结束这个话题,对于任何一个儿子来说,讨论自己母亲的性问题,都是件很别扭的事。

"谢谢你,贝茨先生,你帮了我很多。"佩特里大概也看出了肯尼斯的窘迫,他一边这么说着,一边站起身。我也赶忙站了起来,准备向肯尼斯告别。

"介意耽误你一分钟吗,警探先生?"就在这时,肯尼斯却突然叫住了佩特里,"可不可以问一个问题?"

佩特里停了下来。

"我母亲会有危险吗?你觉得,我们该把她接出来吗?"

"我无法下结论。"佩特里答道,"但我能告诉你的是,西蒙顿夫人已经雇用了钟点保安。而且据我所知,威罗·格伦之前从来没发生过谋杀案。就目前掌握的证据来说，也没有迹象表明这会是一宗连环凶案。"

"谢谢你，警探先生。"肯尼斯这样回答着。我明显看到，他的表情瞬间放松了。只是不知道他的安心，是来自于母亲的安全得到了保障，还是自己的生活可以不被打搅。

"根据肯尼斯所说的，你觉得乔治娅的衰退症到了什么程度？"一回到警车上，佩特里就立刻向我发问。

我告诉他，以我数次和乔治娅打交道的经历，她确实曾说自己37岁，也对肯尼斯一家抱怨颇多，但是除此以外，她完全可以基于事实和别人正常交流。

"换句话说，她的话是可以采信的？"佩特里看着我。

虽然，我不知道乔治娅到底对他说了什么，会对何人产生影响，但我思考片刻后，还是点了点头。

佩特里"嗯"了一下，随即又把目光掉转车外，出神地看着大片连绵的麦田。

26.怀疑

"法医的检验结果出来了,早上佩特里通知了我们。"

回到威罗·格伦后,西蒙顿夫人派人将我叫去她的办公室,告诉了我关于史蒂芬案件的进展。

通常来说,法医会通过检查尸斑的程度和测量肛温,推测出死亡时间。但是,史蒂芬的这个案子却很特殊,由于他全身肌肉长期处于痉挛状态,这对他死后的身体状况势必会造成影响,因此,法医们用了比平时多出数倍的精力去测算,最终才得出了结论——史蒂芬的遇害时间,应该是在四点半到五点半之间。

在冬末的新华沙,四点半到五点半间,天空还是一片黑暗,气温还很寒冷,人们大多没有从睡梦中醒来。而有人却在这样一个凌晨,来到轮床边,将剪刀插入一位重症脑瘫病人的胸膛,这样的场景,仅仅是想象一下,都会觉得足够恐怖。

西蒙顿夫人突然压低声音,对我说:"还有一件事。在佩特里拿走护士记录前,我看过上面关于史蒂芬的记录,写着'凌晨

26.怀疑

4点,一切照旧',虽然这和法医验证的死亡时间很吻合,但是这样的话,也就意味着——"说到这里,西蒙顿夫人停了下来,她警惕地看了一眼紧闭的办公室大门,似乎想要确定门外不会有人偷听。

其实,不用她说,我也能隐约猜出些什么。威罗·格伦的护士站24小时有人值班,如果不是海瑟和伯莎一时疏忽,在那个时间段都离开了护士站,让嫌疑人有机可乘,那么这件事就至少和她们中的一个有关。

"他早上管我要了威罗·格伦的一些数据,关于那些去世的病人的,他希望我把过去一年里所有去世病人的死亡时间都打印出来,另外,还要把在那些时间里值班的护士和护工的名单也打出来给他。我搞不懂那些电脑表格,就让麦克娅去办这件事了,但是,这很可疑,对不对?"

死亡时间,护士和护工,线索似乎慢慢清晰起来,佩特里怀疑的目标,应该就在这两者中间,而且再具体一些,就是史蒂芬遇害那晚值班的海瑟和伯莎。

"佩特里有没有和你透露过什么?"西蒙顿夫人小声问我。

我摇头:"他只说乔治娅是很重要的证人,但不是目击到凶杀案的那种。至于其他的,他就一概没有说了,他是案件的负责人,也不可能透露太多。"

西蒙顿夫人显得有些不安,她伸手去够雪茄盒:"你说,他早上问的那些事,关于衰退症和性幻想什么的,是什么意思?"

我告诉她,对于这一点我也没想明白,不过,佩特里将同样的话也对肯尼斯问过了一遍，肯尼斯确认乔治娅不会出现这样的情况。

"我有种感觉，佩特里已经有了明确的怀疑对象，乔治娅肯定看到了什么，才让他如此肯定，而且他此刻正在寻找更多的证据。"西蒙顿夫人将雪茄夹在手指间，却一直忘了点燃，显得忧心忡忡。她不能直接去问乔治娅，任何人都不能，因为这违反了法律，所以她除了猜测，却什么事都做不了。

"对了，你早上去找了科尔医生，他有没有跟你提起过海瑟的什么事？"

"没有，我们一直在聊史蒂芬，科尔医生说了很多他们的往事。你为什么会想起问海瑟？"

西蒙顿夫人叹口气："我也不知道，我只是有种不好的预感。"说完，她放下手中的雪茄，双手支撑着桌面站了起来，看起来很是疲惫。"现在，我要去做一件痛苦的事了，现在是晚餐时间，我必须去餐厅，安抚一下病人们，你能跟我一起去吗？"

"义不容辞。"

在我们进入餐厅时，病人们还没开始吃甜品，西蒙顿夫人走到了餐厅的前部，正对着汉克的座位。"打扰一下。"她一边说着，一边拿起汉克的勺子，敲了敲他半满的玻璃杯。这响动让病人们将目光全都集中在了她身上，她环视了一下整个餐厅，然后清了清喉咙。

"我想，你们都已经知道了。昨天凌晨，C楼发生了一宗谋杀案。我们还不知道犯罪嫌疑人是谁，也不知道杀人动机，

26.怀疑

受害者是史蒂芬·索拉里斯——是个很好的人，一个非常非常好的人。"

说到这里，西蒙顿夫人的喉咙哽住了，悲伤就这么突如其来地出现。但她不得不强迫自己继续说下去。

"为了保障大家的安全，我们已经采取了一些措施。我已经雇了几名钟点保安，任何时候，我们都至少会有一名保安执勤。你们可以从防火门出去，但对外的大门是上锁的，这样就没人能进得来了。大门会在晚间关闭，并且日间也有人监管。佩特里警探会负责调查。你们中应该有不少人已经见过他了，我能向你们保证，他是个非常睿智的人，而且细致入微，尽职尽责。"

西蒙顿夫人向病人们做着保证，我的目光则掠过餐厅里的一张张脸。其中一些看起来神色很警觉，另一些却有些木然。他们都已经是些疲惫而苍老的人啊，不少人还非常虚弱，这样一次谋杀，会给他们带来怎样的不安呢？我暗自感慨着。

"我知道，你们会有些焦虑。"西蒙顿夫人继续说道，"有这种感觉也是很正常的，但是这并不代表你们一定有什么危险。你们可以随时向我们倾诉，我希望你们都可以这样做。无论是对护工、护士，还是我本人，只要你们愿意，全都可以。"

西蒙顿夫人稍作停顿，她的眼神焦灼，似乎在不安地猜测，在听了她的小型演说后，病人们会不会感到一些安慰。"还有什么问题吗？"她问道。

"你们怎么保证我们的安全呢？"发问的是露西。

对于露西的提问，我并不意外。露西是一个几周后就将出院的人，一个在外面的世界里还有未来的人，一个至少还不至于听天由命的人，对于很多问题，自然会比旁人关心。"以目前的证据看，没有理由认为你们正身处险境。"西蒙顿夫人解释道，"事实上，出现一宗凶案并不代表着就会出现另一宗凶案。"

"但犯罪嫌疑人还没有落网，不是吗？"露西并没有因此放心。

"没错。"西蒙顿夫人承认，"你们会害怕再有人被杀，这种担心完全正常。然而事实上，连环凶案是很少见的。"

然而，露西却依然惴惴不安："只是少见而已，并不是完全没有，不是吗？"

"是的，你是对的。不能说完全没有。"西蒙顿夫人有些窘迫，她显然也不知道该如何保证不再发生那样的意外，只能重复着露西的话，"谢谢你，露西。还有谁有问题吗？"

沉默，仿佛无边无际的沉默，足足有一分钟，没有一个人说一个字。病人们只是无声地看着西蒙顿夫人，一言不发。他们是冷漠？还是真的没有问题了？我不禁猜测起来。

西蒙顿夫人看着众人，张了张嘴，似乎在酝酿着该怎么结束这场尴尬的演讲，她能说什么呢？说"我爱你们"？这显得太情绪化了。说些祝福的话，比如"耶稣将祝福你们，保佑你们"？我相信，这样的话她同样说不出口。

最终，她说道："谢谢你们的时间。一有最新的情况，我会通知你们的。还有，就像我说过的，只要你们有需要，随时欢迎来找我们。"

26.怀疑

我跟着西蒙顿夫人离开了餐厅,走出一段距离后,听到她哀叹了一声:"文森特,你知道吗,我想让他们知道,我很关心他们,但是刚刚如果是我自己坐在那儿,肯定不会感觉到什么安慰。"她的语气充满了无力感。

一切似乎都失控了。各种怀疑刺激着威罗·格伦里的每个人,让人们惴惴不安。

27.交锋

在不安的气氛中,人们就像惊恐的猫,会将每一个正常的信号无限放大,时刻准备逃跑,也更容易因为过分的敏感,而发生对抗。

一早,佩吉和汉克就争吵了起来。确切地说,是佩吉狠狠地骂了汉克。

原来,佩吉一直在忙着给病人们洗澡,洗完后,她大概是想要休息会儿,所以进入了娱乐室。当时屋子里除了她只有两个人——正在看电视的汉克,和正在摇椅上打盹的露西。

她坐在他们对面的角落里,或许是想问题想得太出神,也或许是忙碌了一早上太累了,以至于汉克走到她身后,她都一点没听到。直到他把手搭在她肩膀上,她吓得直接跳了起来,冲着汉克厉声道:"别碰我!"

这一喊,让原本昏昏沉沉的露西彻底清醒了。等她定睛看向佩吉的时候,佩吉已经哭了起来,大滴大滴的泪珠,正不停地从

27. 交锋

她脸上滑落,源源不断。而汉克愣在一边,似乎有些束手无措地问:"你怎么了?"

"我以为你要杀了我。"佩吉哭着说,"我以为你就是犯罪嫌疑人。"

"我不是。"他慌忙解释着,"要知道,我只是想碰碰你。"

佩吉却并未平静下来,而是继续呜咽:"任何人都能像你那样走到我身后,包括杀人犯。"

这话显然让汉克大吃一惊,他不知道该如何作答,只能一脸尴尬地站在那里。好在,几分钟后,佩吉的哭声渐渐变小了。

"从凶案发生后,我就一直很难受。"她像是自言自语地说。

"为什么要难受?"

"为什么难受?"佩吉不可思议地看着他,"因为有人被杀死了。你难道一点也不在意吗?"

"为什么我该在意?"

"你冷酷得像块冰,汉克·马丁!"

"要知道,我甚至不认识他。"他语气冷漠地说。

"可我认识他。我碰过他,给他洗过澡。他是个真正的人,不,还不止这样,他很好。"

"很好?他有什么好的?"

"他在乎我的感受。每次我心情不好,他都会主动和我谈话,那并不是为了他,而是为了我。我从没向他伸出过手,可他却向我伸出了手,即使他瘫痪了。"

"要知道,无论什么时候,我都会向你伸出手。"汉克讪笑着说。

佩吉一脸厌恶："没人喜欢你的爪子，你伸出手，是为了占别人的便宜，他和你不一样。"

"那又怎么样？他只是个瘫子，不配别人为他难过。"汉克的表情变得阴沉起来。

听到这话，佩吉愣住了，她圆瞪着眼睛看着汉克，就像是看到了什么恐怖的东西。之后，她忽然转身跑出了娱乐室。

"我要是佩吉，才不会和汉克说那么多，只要他敢伸出爪子，我就直接扬起手，这么给他一巴掌。"在讲述完自己目睹的那场对话后，露西这样对我说着。大概是入院那天我和海瑟帮她收拾了行李的缘故，她很喜欢找我们说话，尤其是在她知道我是个心理医生后，来我办公室的次数就更加多了。我想，她大概是一个人生活得太久了，虽然摔伤是件倒霉事，但是因为来到威罗·格伦，让她有了不少可以说话的对象。

"伸出瓜子？这话听起来很像乔治娅说的。"

"对啊，就是乔治娅告诉我的，她还告诉了我不少关于这里的事。"露西高兴地说。这倒是个让我意外的结果，乔治娅以往那种拒人于千里之外的样子，让我一直以为她不喜欢和任何人说话，没想到，她还能跟露西聊上那么多。

我忽然灵机一动，问露西："对了，关于史蒂芬被害，乔治娅有没有跟你说过什么？"

露西疑惑地看了我一眼："她没说过什么。噢，对了，她说过一句，'为什么不是别人，要是汉克那种人死了，我绝对不会

27.交锋

觉得有半点可惜'。"

看来，乔治娅恪守着和佩特里的约定，对于自己见到的一切守口如瓶。

"噢，对了，我们在说史蒂芬被害的时候，她还问了我一个问题。她问我，觉得海瑟这个人怎么样。"

好像大雾中划亮了一根火柴，虽然光亮有限，却在瞬间映出了一个大致的轮廓。乔治娅提到海瑟，未必是偶然。

露西离开后，我回想着这些天听到的各种消息。如果，乔治娅看到的那一幕确实和海瑟相关，也就意味着，佩特里的怀疑对象很可能也是海瑟。而他让麦克娅打印出既往病人死亡的信息，大概是想找出海瑟谋杀史蒂芬的佐证。

想到这里，我心中一沉：这对海瑟是个非常不利的调查，因为不用计算，全威罗·格伦的人都知道在她当值时，病人的死亡率最高。很多病人在弥留之际，会一直等到海瑟当值时才逝去，这样海瑟就能送他们最后一程了。但是这件事，佩特里会相信吗？看起来，他是个非常严谨的人，他会相信数据，相信证据，相信眼见为实，却很难相信人的死亡时间在某种程度上是可以控制的。不要说是他，在威罗·格伦之外的很多人，估计都会觉得这是胡扯，然而我和西蒙顿夫人却很清楚，这完全可以做到。

想到这里，我起身走出办公室，一步不停地向着西蒙顿夫人的办公室走去，走过行政中心的时候，只看到佩特里警探正坐在一张桌子前，和麦克娅说着什么。麦克娅带着惯有的微笑，但是身体微微向后倾着，似乎在和对方保持着距离。

我放慢脚步，让自己显得神色如常，然后，我敲响了院长办公室的大门。

"请进。"西蒙顿夫人的声音响起。

我进入房间，关好了门。看到是我，她示意我坐下，我坐定后刚要开口，就听见西蒙顿夫人轻声对我说：

"是海瑟。佩特里怀疑的，是海瑟。"

28.目标：海瑟

这天一早，佩特里就来到了西蒙顿夫人的办公室。

"调查了几天，我认为，是时候跟你说说进展了，不过我必须事先声明，有些事情，恐怕对你来说是坏消息。"佩特里对她说。

"没关系，尽请直言。"

佩特里告诉西蒙顿夫人，根据调查，犯罪嫌疑人具有以下三个特点：

1. 能在作案时间内，有机会接近死者。

2. 剪刀直接插入心脏，一下致命，证明嫌疑人掌握一些只有专业人员才掌握的医学知识。

3. 犯罪嫌疑人还能接触到凶器。在威罗·格伦，最有可能接触到凶器的就是专业医疗人员。

"您的意思是，我手下的某位员工杀了史蒂芬，是吗？"西蒙顿夫人索性直接挑明对方的潜台词。

"是的。"佩特里答道,"另外,还有一件事,我想您或许会很意外,那就是您最得力的护士——海瑟小姐,在死者生前和他发生过性关系。"他用审视的眼光看着西蒙顿夫人,似乎在等着看她做何反应。

"是吗,是通过手还是嘴?"西蒙顿夫人脸上却出奇的平静。

"你难道一点也不感到意外吗?"佩特里皱起了眉头。

"我不意外,介于史蒂芬的身体状况,只有这两种选择。"她在护理行业做了那么多年,关于护士和病人可能发生的事,已经没什么能让她感到吃惊的了。

"我还掌握了一些情况。在死者遇害之前的12个月里,在威罗·格伦去世的还有62人,而其中34人——也就是占人数的55%——在去世时,海瑟都正好当值。换句话说,在她上班的时候,你们这里病人的死亡率比其他时间高出两倍以上。当然,我知道海瑟已经在这里工作了3年,所以,我稍后会找麦克娅,让她把之前两年的治疗记录也拿给我。"

"所以呢?"西蒙顿夫人依然一副处变不惊的样子。

"所以,你手下似乎有一个杀人狂!你难道不在乎吗?"对于西蒙顿夫人的态度,佩特里有些光火。

"我想你一定是误会了,海瑟当值时之所以死亡率高,是因为很多病人愿意等她陪在身边时再离去。"

"你是在说笑话吗?"对于这样的解释,佩特里果然很不屑。

"你会有这种反应,我也不意外。不过对于死亡,我肯定比你更有发言权。"

"是吗？但对于暴力，我恐怕比您更有发言权。"佩特里说道，"还有件事，我已经查过海瑟过去的记录，她虽然自己没被捕过，却和两个被捕的男人有关系，他们都涉嫌殴打她，其中一个后来还犯了谋杀罪。看起来，海瑟·巴斯顿女士对于暴力和死亡，的确有着偏好。"

"你说的这些情况我也知道。海瑟总是选错男人，并且这倾向非常明显，对此我非常遗憾。"

"那据你所知，她是不是在看心理医生？"

这个问题，让西蒙顿夫人感到有些犹豫。它就像个两难的陷阱，如果回答"不是"，那她就是在说谎；但如果回答"是"，那她就是在泄露别人的隐私。她只能说："恐怕我不能回答这个问题，因为这涉及别人的隐私。"

"你可以不回答，但是我早就查过了，新华沙有四位心理医生，其中两位主要为医院工作，一位是你们这里的文森特医生，但他半年前才从大学毕业，而海瑟已经治疗了一年，所以不可能是他。除此以外，只有一名主要接待门诊病人的医生，那就是科尔医生，他开了家私人诊所。"

佩特里不停地拿出各种证据，而所有的证据，都统统指向了海瑟。佩特里很怀疑，不，他很笃定，海瑟就是谋杀了史蒂芬的那个人。

"他说，他会去找科尔医生了解情况。"复述完早上的那场对话后，西蒙顿夫人这样对我说。

"科尔医生从来不会轻易透露患者的信息，佩特里想从他那寻找证据，恐怕没有那么容易。"我安慰她道。

"我和科尔医生是很多年的朋友了，我相信他。但我只是觉得有些不对劲，佩特里是个聪明人，而且恪尽职守，我也了解他急着想要破案的心情。但现在看起来，他好像并不是在正常的办案，而是在故意针对海瑟。"

我确实也有同感。根据死亡时间和作案手法，海瑟和伯莎成为重点怀疑对象，而乔治娅应该是看到了海瑟与史蒂芬发生关系，然后在佩特里询问她的时候，将这件事告诉了他，此外海瑟看心理医生的事情，很可能也是她透露出去的。但是，乔治娅患有衰退症，这让佩特里对她的话不敢全然相信，尤其是海瑟与史蒂芬亲热的那一幕，于是才找我和肯尼斯询问她的病情。再加上根据记录，在海瑟值班时，病人的死亡率会明显上升，这更让佩特里确信无疑。

佩特里的推测，看起来很合理，但有一点却无法说通。即便海瑟真的和史蒂芬发生了关系，这为什么就成了他怀疑海瑟谋杀史蒂芬的理由？这两者，根本就没有必然的联系。

到底是什么让他如此确定，将矛头死死地指向了海瑟？

29.火花

一想到史蒂芬在被杀之前，也享受过了性爱，我的心里不知为何，忽然感到了一阵庆幸。

记得在他出事之前，他羡慕过我可以恋爱："我 / 不 / 可以，拥抱、亲吻，我 / 都 / 做 / 不了。"他曾这样说。后来，我在和他聊天时，他还问过我几次关于男女之情的事，甚至包括性爱的感觉，还有一次，他还特意问了我失恋的感觉。

"失去 / 爱 / 会 / 怎样？"

"会痛苦，有那么一瞬间，甚至觉得活着毫无意义。但是就和欲望一样，总会消散的。"

"时间 / 可以 / 治愈 / 一切 / 伤痛。也许 / 时间 / 也 / 可以 / 治愈 / 这种 / 痛苦。"

"你最近问了很多爱情的事，是准备写在你的书里吗？"我笑着问他。

"或许 / 吧，想到 / 什么 / 都会 / 失去，有些 / 难过。"

当时，我还以为他只是好奇，并没想过其他，现在想起来，他突然对这些事情产生兴趣，应该就是在那个时候，他和海瑟已经在一起了吧。

我不知道他和海瑟为何会忽然产生了火花，但是我知道，在他过去的人生中，他应该从未憧憬过性爱。因为他的身体，他觉得自己不会有这样的机会。可是和海瑟在一起后，他开始萌生了这样的念头，并且，也真的拥有了性爱的体验。

沐浴爱河的日子并不长久，但他最终，却因为这场恋情，可以作为一个完整的人死去。性爱不是人类的必需品，却可以让我们活得更像个人。

而至于海瑟，我一向知道，护士对病人是很容易产生感情的，尤其是，如果护士需要每天触碰病人身体的话，更容易碰撞出火花。她和史蒂芬，恰巧就属于这种情况吧。同时，海瑟的神经症让她和史蒂芬的感情又多了一重解释，尽管这解释并不美好，但必须面对。那就是，海瑟对于有"缺陷"的人似乎存在偏爱，她之前的历任男友，都有着严重的性格缺陷，史蒂芬虽然性格温和，但是他的身体却严重残疾。我隐隐有了种感觉，能让海瑟动心的人，似乎从来不是身体和心理全都正常的人。身为史蒂芬的朋友，这个推断让我难过，而身为心理医生，我却不得不做出这样的设想。

他们之间的情感不期而至，就像飓风般拥有力量，但也像飓风般横扫了一切，轻易就让两人偏离了轨道。而今，海瑟因为这段关系深陷麻烦，成了佩特里心目中的"死亡天使"，而史蒂芬，他在体会了人生某种意义的完整后，也结束了自己的人生。

在最后的那些日子，也是他和海瑟相恋的那些日子里，史蒂芬究竟有着怎样的感受呢？我猜测着。

在佩特里找西蒙顿夫人摊牌之后，他又提出了要求，让西蒙顿夫人停止海瑟的一切工作，他说，不能允许一个犯罪嫌疑人还在护理院里正常上班。西蒙顿夫人拒不同意，说现有的证据完全不能确认海瑟就是犯罪嫌疑人。两个人争论了很久，最后各自退让了一步，海瑟依然上班，但是不能再值夜班，佩特里认为，她很可能在黑夜里对其他病人痛下杀手。

海瑟虽然并不知道佩特里与西蒙顿夫人的那次谈话，但是突然的班次调整，而且只针对她一个人，仍然让她感觉到了什么。

不出两天，她主动找到了我。我很理解她的处境，她不能直接去问佩特里，由于她和史蒂芬的恋情多少有违护士的职业规范，她也不好意思去问西蒙顿夫人，而那天我与佩特里一起外出公干，海瑟必然会觉得我知道些什么。

"我被调了班，西蒙顿夫人也没给我任何解释。所以我想问问，你知不知道这是怎么回事？"

"我恐怕也回答不了你。"

"是不知道，还是不能告诉我？"海瑟追问道。

我没有说话，因为无论怎么回答，都势必会违背内心的一些东西。

"你，知道我和史蒂芬的事情吗？"海瑟红着脸，忽然说出了这句话。

"你和他的什么事？"

"就是……我和他在谈恋爱。"海瑟显得有些不好意思。

"是吗？你们是从什么时候在一起的？"

海瑟咬了咬嘴唇，沉默了一阵，然后给我讲起了她和史蒂芬的故事。

事情的开始，要追溯到海瑟和前男友托尼去滑雪之前。那天，海瑟给史蒂芬洗澡，在洗澡时，就在海瑟洗到他的下体时，一件让她吃惊的事情发生了——手里的器官，渐渐地膨胀了起来。

这并不是海瑟第一次给史蒂芬洗澡，但这种情况却是第一次发生。按常理说，发现了异常，海瑟本该暂停下来，然而此时她并没有这样做。她仿佛感到身体的某一部分正在召唤着她，而且这种召唤是强烈的，甚至是急迫的。这让她想要继续下去，她看着史蒂芬的脸，还有他那深邃无边的眸子，问道："你想要我继续吗？"

史蒂芬发出一串声音——既不是代表同意的"啊哈"，也不是代表不同意的"呃嘎"，而是一串"嗯嗯嗯……"，听起来有点像小猫的打呼噜声。于是海瑟轻轻笑了笑，就又弯下腰，继续往毛巾上打着香皂。她看着史蒂芬的器官在自己手上变大，甚至感到了一丝欣喜，因为唤醒它的正是自己。直到它变得坚挺起来，海瑟才不得不放手。接着，她又迅速弯下腰，在浴盆里清洗毛巾，为史蒂芬擦拭泡沫。

"很不错呦。"她小声说道。

"嗯嗯嗯……"

海瑟又压低了一些声音："这种情况以前发生过吗？在其他人帮你洗澡时？"

"啊呃啊呃啊呃……"这声音代表他想要字母盘。

海瑟把字母盘递到了史蒂芬手边,接着,他用指关节敲出了"没有"。

"可是,这也不是我第一次给你洗澡,以前可没有这样呢。"海瑟接着问,"这是怎么回事呢?"

"我/不/知道。"

海瑟拿开字母盘,把它挂回轮床上。然后,她有些慌乱地扶着史蒂芬躺下,之后便离开了,连句"再见"也没有说。海瑟很清楚,刚才自己的行为很不专业,而作为护士,最重要的就是专业。可是此刻,她心里却萌生出一种莫名的感觉,让她忘却了自己一直坚守的职业素养。那是种羞涩夹杂着尴尬,却又隐隐透出些许兴奋的感受,并伴随着心灵的震颤,不断流淌出些无可名状的感触。这感受是如此新奇,似乎还带来了某种奇特的回响。

后来,她在滑雪时被托尼打了,两个人也自然而然地分了手。而当她回到威罗·格伦的时候,史蒂芬对她的伤情万分关心,这让海瑟感到了温暖,也就是在那个时候,两个人产生了超越以往的感情。每当海瑟值夜班的时候,她就会在配药的时候,以"史蒂芬喜欢有人和他说说话"为由,将他带去补给室,然后在补给室里给史蒂芬制造一场欢悦。反正值夜的护工是伯莎,她沉迷于那些爱情小说中,对于其他事情并不会太关心,这也为海瑟和史蒂芬提供了方便。

原本,海瑟以为他们的关系可以一直这么继续下去,然而,就在史蒂芬被害的那个晚上,他突然爆发了。

30. 最后一夜

那天的凌晨三点刚过,海瑟又推着史蒂芬,来到了补给室狭窄的门厅里。

"又是一个诡异的晚上。"她对他说,"你听见疯子卡罗尔的叫声了吗?"她把字母盘取下来,拿到史蒂芬面前。最近,他们躲在这狭窄而昏暗的门厅里,关系日渐亲密,而这亲密让海瑟珍视不已。"你今晚感觉怎么样,亲爱的?"她问道。

史蒂芬敲出:"绝望。"

海瑟没想到会是这样的回答,在她眼中,史蒂芬从未抑郁过。"你究竟怎么了?"她慌忙问道。

"你 / 马上 / 又要 / 值 / 白班。"

"关于这点,我也很抱歉。不过再过一个月,我就又能值夜班了,到时候我们一切可以照旧。但即使我值白班,也还可以和你聊天啊。"

"这 / 不是 / 问题。"史蒂芬又敲道,"一个 / 月 / 不 / 做爱 /

30.最后一夜

没 / 什么, 我 / 知道 / 你 / 会 / 回来。然后 / 你 / 又 / 会 / 离开, 接着 / 你 / 又 / 会 / 回来, 但 / 总有 / 一天, 你 / 永远 / 不会 / 再 / 回来。"

"史蒂芬。"海瑟感到很难过,"抱歉,我真的没想那么远。"

"但是 / 我 / 想了, 对我 / 来说, 这 / 糟透了。总有 / 一天, 你 / 会 / 找到 / 更好的 / 工作 / 离开 / 这里, 或者 / 你 / 会 / 想 / 离开 / 我, 去 / 找 / 个 / 真正的 / 男人。"

"你就是个真正的男人,史蒂芬,你比我认识的所有男人都更像男人。"

"我 / 或许 / 是 / 个 / 好人, 但 / 也是 / 个 / 绝望的 / 残废。你 / 早 / 晚 / 都 / 会 / 把我 / 推开。"

"把你推开?"海瑟无意识地低声重复了一遍,隐约之间,她感到这种假设可能真的会在某天应验。

"是的 / 把我 / 推开。我 / 是 / 个 / 绝望的 / 残废, 有 / 一个 / 绝望的 / 未来。我 / 犯下了 / 愚蠢的 / 错误。我 / 以为 / 自己 / 可以 / 控制 / 对 / 你的 / 感觉, 我 / 知道 / 最后 / 一定 / 会 / 失去 / 你, 我 / 觉得 / 自己 / 可以 / 处理 / 好。但是 / 我 / 却是 / 个 / 傻瓜, 注定 / 要 / 一个 / 人。我 / 真的 / 该 / 属于 / 那间 / 白痴 / 病房。"

"史蒂芬,我不许你这么说。"海瑟打断他,"你知道,不是这样的。"

"很 / 可能 / 是 / 这样的。爱情 / 是 / 盲目的, 但是 / 我 / 爱 / 你。但是 / 我 / 知道 / 没有 / 未来, 你 / 有 / 你的 / 未来, 但是 / 我 / 没有。"

"总会有未来的。"海瑟搜肠刮肚地想着词。

"不要 / 说了！"史蒂芬敲字的速度明显变快了，"没有 / 未来，我们 / 没有 / 未来。我 / 很 / 绝望。"

"亲爱的，很抱歉。"海瑟低下头，不知道说些什么才能缓解这种气氛，她轻声问史蒂芬："如果我们停止现在的关系，你会不会觉得好点？"

"你 / 对 / 我 / 来说 / 很 / 珍贵。"敲到这里，他顿了顿，然后又继续道，"也许 / 你 / 是 / 对的。确实 / 会 / 有 / 未来，我 / 还有 / 要写的 / 书，而且，至少 / 我 / 还有 / 很多 / 时间。"

"你这么伤心，这么生气，这么激动，那么，你今晚还想像往常一样吗？"海瑟小心地问，她不知道如何安抚史蒂芬的情绪。

"海瑟，我 / 比 / 任何 / 时候 / 都 / 需要 / 你。"

这是他们最后一次在一起。在将史蒂芬送回护士站后，因为心情不好，海瑟还去停车场散了一会儿步，然后回去继续值班到天亮。海瑟一度很怀疑伯莎，因为她自己是绝不可能让史蒂芬在眼前遇害的，她只离开了那么一会儿，第二天一早，史蒂芬就被发现被人刺死在了轮床上。

说完那个夜晚发生的事后，海瑟难过得哭了起来："我恨我自己。"

"你为什么要恨自己？"

"虽然他说过，他感受到了快乐与希望，但就在他被杀的那个晚上，他对我说他的感觉很糟，他看不到我们的未来。在被杀害当晚，我让他感觉很糟。"说到这里，海瑟痛哭失声，整个人

30.最后一夜

看上去无助极了。

"我想，史蒂芬是幸福的，"我对她说，"他不会怪你，而且，很可能会感谢你。"

海瑟泪眼蒙眬地看向我："为什么？他明明很难过。"

"让他难过的不是你，海瑟。"我尽量让声音温和些，"而是爱所附带的痛苦。但如果不是有了你，史蒂芬可能到死也没法体会到爱的痛苦与欢愉。"

这句话似乎起到了效果，海瑟虽然依然在不停地流泪，但是情绪逐渐稳定了下来。

"下一步，我该怎么办？警察已经开始怀疑我了。"海瑟询问着我的意见。

海瑟的话，倒让我想起了一件事，我问她："护理院里还有谁知道你和史蒂芬的事吗？"

海瑟摇头："我不清楚，今天之前，我从未对任何人说过和史蒂芬的事情，我相信他也不会说。"史蒂芬确实不会说，他纵然因为这场恋爱迸发出了憧憬、甜蜜、担忧和痛苦，但他最多只用和我聊天的方式，来纾解心中的复杂情绪，对于海瑟却只字不提。他从来都是这样的人，虽然他无法伸出双臂拥抱谁，却永远保护着他所珍视的一切。

而今看来，乔治娅很可能是唯一知晓他们事的人，或许在某个夜晚，乔治娅因为失眠在楼道里闲逛，路过补给室时，正好看到他们在一起。而如果想让佩特里不把矛头指向海瑟一个人，或许，乔治娅能成为解决问题的关键。

31.审讯到来

还没等我按照计划去找乔治娅,海瑟就突然被佩特里叫去了警察局。

不知道用了什么方式,他迅速获得了局长的批准,结果,当天他就对海瑟进行了审讯。而以下这些情景,则是海瑟在回来后亲口讲述的:

一见面,佩特里就用一种很官方的语气对她说:"在你开口之前,我必须先提醒你,我们对话的全程都会被录音。此外,我还要提醒你,你所说的一切,都可能成为对你不利的证据。因此,你在任何时候都有权保持沉默,你有权不说会自证其罪的话。你也有权联系律师,并拒绝在没有律师协助的情况下接受审讯。"

海瑟愣住了:"听上去,你像是要指控我谋杀了史蒂芬。"

"没错,你确实有嫌疑,所以我才希望你能明白自己的权利。你需要请律师吗?"

"我不需要,因为我是无辜的。"海瑟回答得没有半分犹豫。

海瑟的态度似乎让佩特里非常不满，他再次提醒道："我想，你可能还没意识到事情的严重性。"

"警探先生。"海瑟带着怒意说道，"我当然知道你是什么意思，但我也想告诉你，你现在就大可以把我铐起来，再把钥匙扔掉，我不在乎。"

"你是不是和死者有过性行为？"佩特里突然厉声发问。

"是的。"

他用更咄咄逼人的语气问道："你和死者保持了多久的性关系？"

"从他死前几周开始吧。"

"在案发当晚，你们也发生关系了吗？"

"是的。"

紧接着，佩特里将她和史蒂芬交往的事情问了个遍，包括那些十分隐私的细节。海瑟全都做了回答，没有半点隐瞒。

然而海瑟发现，自己答得越快、越坦诚，佩特里的脸色就越不好看。

等她讲完了和史蒂芬的故事，佩特里面色阴沉地问她："你和死者有了性关系，这就是你杀人的动机，是不是这样？你刚刚说过，史蒂芬被困在他那具瘫痪的躯体中，这让他非常痛苦。所以你杀了他，想帮他摆脱痛苦，是不是？"

还没等海瑟否认，佩特里就接着发问：

"在威罗·格伦，你曾这么杀死过很多病人，是不是？"

"没有！"海瑟大声抗议。

"你是位很受欢迎的护士，而且似乎也是个仁慈的人。能帮病人摆脱痛苦,这一定是种莫大的诱惑吧?"

"不是!这完全是你的想象!"

"那你为什么要和史蒂芬发生关系?是因为他身体残疾,没法反抗吗?"

"不,是因为我爱他。"

佩特里用一种鄙夷的目光看着她,对于她的回答显然毫不相信。

"第一次和你谈话时,你说你在案发的当晚出去散过步,你还说,这是因为你心情不好。你心情不好,是不是和史蒂芬有关?"

海瑟点了点头。

"你们吵架了?"

"不,并没有。他觉得痛苦,觉得愤怒,因为他看不到我们的未来。他觉得我最终会离开他。"

"你会吗?"

"不会。至少我没那么想过。"

佩特里深思片刻,接着问道:"那他有没有威胁要揭发你?"

"当然没有。"海瑟不假思索地答道,"他连想都不会那么想的,史蒂芬才不是那种人。"

佩特里哼了一下,然后从椅子上站了起来,俯视着海瑟:"我倒觉得,有可能你告诉伯莎说要出去散步,但你并没有真的去,你趁着伯莎不注意,把史蒂芬推到一个没人能看见的地方。你用最简单的方法解决了他,让自己后顾无忧,这样你就不用再怕有人会发现你们的性关系,也不用为要不要离开他而烦恼,还可以结束他的绝望。完事后,你又把他推回老地方,然后,就对伯莎说你散步回来了。"

海瑟看着佩特里，一字一句地说："警探先生，你说的一切都只是假设，什么证据也没有。"

佩特里眯起了眼睛，好像在努力抑制着自己的暴怒，然后问道："你是在看精神科医生吗？"

"是的。"

"你看的是哪个医生？有多久了？为什么要去？"

"科尔医生。大概一年了。因为我总是选错男人。"

"我想和科尔医生谈谈你的情况，你有什么意见吗？"

"没有。"

"那需要你给我个书面授权。"

海瑟也站了起来，盯着佩特里的眼睛："可以。但是，也请您回答我一个问题，我的那些事——我和史蒂芬的关系、我去看心理医生，都是谁告诉你的？"

"是乔治娅。"佩特里脱口而出，但随即，他的眼神变得惊慌起来，他愣了几秒，然后告诉海瑟，审讯结束，她可以走了。

"果然是乔治娅。"在我的办公室里，听完海瑟的叙述后，我暗想道。审讯的内容并不出乎我的预料，根据之前的种种线索，佩特里知道了什么，怀疑些什么，我早已经有了些推测。不过有一点，我却很奇怪，那就是佩特里为何会将证人的姓名告诉海瑟，这可是探案上的大忌。

然而，这样也好，这样就可以名正言顺地去问乔治娅一些事情了。

32.探望日

威罗·格伦又迎来了探望日。

大概是刚发生过命案的原因,来探望的人比以往明显多了一些。每到这种亲友相聚的日子,露西通常都会伤感一番,但是这天她在护士台遇到我时,却兴致很高地邀请我去她的房间,说有一件事想听听我的意见。

进入房间后,我发现乔治娅也在,她一反常态地没有闭目养神,而是低头看着一张广告单,露西就势坐在了她身边,两个人头挨头一起看了起来。看来经过这段日子的相处,她们的关系俨然亲密了不少。

不过我也知道,乔治娅不是那种容易打开心扉的人,她和露西的交情,十有八九是露西不断主动示好换来的。毕竟露西独自生活了太久,随便遇上一个人,难免忍不住把对方视为朋友。而比起乔治娅以前的室友,露西的性格是最开朗的一个,而且她并不会在威罗·格伦待上太久,这两点或许也让乔治娅对她没有以往那般防备。只是，在露西离开后，乔治娅恐怕又要很快恢复到以前的样子了，想到这里，我有些失落，但同时又觉得，自己或许可以趁现在做些什么，不仅是为了解开了身上的谜团，也不只是为了帮海瑟摆脱困境，而是能在一切风波过去后，乔治娅的状况可以有所改变。

我能做到吗？我暗自思索着，有些疑虑，又有些憧憬。

"我在考虑要搬到加利福尼亚去。"露西抬起头，对我说道。

"加利福尼亚？为什么要去那儿？"我问道。

"那里新建了一座老年社区。去年夏天，我有两个朋友已经搬过去了，现在他们叫我也过去。他们在信上说，那里繁花似锦，冬暖夏凉，终年无冰无雪。"

"但你的一切都在新华沙，而且，你马上就能回家了。你确定要去那么远的地方吗？"

"其实，这正是问题的关键。"露西回答道，"我就要回家了。从一进来，我就心心念念想着回家，但真要回家时，我却开始疑惑了：我为什么要回去呢？没错，我的一切都在新华沙，但现在，我拥有的一切却都在迅速枯萎。我的丈夫早就去世了，我的农场也卖掉了，很多身体好的朋友都搬家了，而那些身体不好的朋友，也陆续去世了，就好像昆虫从天空中掉落。"

"你这么说的话，搬走似乎也有道理。"我表示理解。

"还有很多其他问题。比如，我再摔倒该怎么办呢？上一次，如果不是罗伯碰巧经过，我可能早就冻死了，在我这个年纪，独居显然已经不适合了。我朋友在信上告诉我，在老年社区可以选择自己住，由工作人员每天来检查，也可以住进综合护理院。还有很多活动，比如乘车旅行、逛街购物之类的，这些不都很有意思吗？"

"你打算什么时候去呢？"我问。

"说实话，我还没法做出决定。"露西的脸上顿时愁云密布起来，"他们不让带宠物。可我不能遗弃'皱纹'，我绝对不能那么做。要是能给它找个好人家，那我就能放心地去了。但是，估计没人会想收养一条老狗。这样一来，恐怕就得给它安乐死，可我怎么能那么做呢？"

"现在皱纹在哪里？"乔治娅放下广告单，抬头问露西。

"本来由罗伯照顾的，但他们觉得太麻烦了，就把它送去寄养了。你看，没人想照顾它。"

"要是宠物也有养老院就好了。"乔治娅感慨着。我发现，乔治娅这回在提到养老院时，没有再用"集中营"这个说法。

"你呢，乔治娅？"说完了自己的事，露西问道，"你以后打算怎么过？一直在护理院里生活吗？"

这个话题，让乔治娅一下子又变得怨气十足，瞬间恢复成了以前的乔治娅："我本来就不该待在护理院，你很清楚，我是被孩子们赶出来的。"

"如果你向他们提要求的话，他们应该会愿意送你去加利福尼亚。"大概是早就熟悉了自己这位室友的脾气，露西在说这句话时，显得格外小心，而且故意躲开了"老年社区"这个叫法。

"我才不会向他们提任何要求。"乔治娅断然拒绝道，"他们

32.探望日

不能不管我。"

就在乔治娅抱怨她的孩子时,肯尼斯和马琳却恰巧走进门来。看到他们,屋子里的三个人都很吃惊,一是因为恰巧在谈论他们,二是按照之前的规律,他们要下一个探望日才会来,在此之前,他们从未改变过这一规律。

"因为凶案的事,你一定很害怕,我们也都很担心你。"肯尼斯对乔治娅说道。

"你们担心我?多让人感动啊。"乔治娅话中的奚落毫不掩饰。

"我想,你可能不想等到下周,所以,这个周末我们就来了。"

"我想,就算是这种情况,你也不用强迫自己做分外的事。你们继续敷衍了事就可以了。"

眼见着熟悉的桥段又要上演,我赶忙对露西说:"如果你愿意的话,我可以陪你去娱乐室看会儿电视,或者,你也可以去我的办公室坐坐。"

露西会意,我们向肯尼斯夫妇道别,就赶紧走出了病房。

"也真是难为肯尼斯了,总要忍耐乔治娅的坏脾气。"露西感慨着。

"她对你倒是很和善,我还没有见过她对谁有过这种态度。"

露西吐了下舌头:"那是因为我已经知道了她忌讳什么,比如不能说她的年龄,但是说我自己的就没问题。只要躲开那些敏感话题,还是可以和她好好聊天的。"

"你很聪明，露西。估计全威罗·格伦，也只有你的话，她会听上一两句了。"

对于我的话，露西显得很高兴："那我真是荣幸。不过，如果是格瑞丝夫人的话，她或许会每一句都听。"

我很惊讶："乔治娅很喜欢格瑞丝夫人？"在我的印象中，她们俩并没有什么交集，我甚至没见过她们说过话。

"当然，她跟我提起，还说'全护理院人人都喜欢格瑞丝夫人'，我想，要不是格瑞丝夫人的房间只允许她一个人居住，乔治娅没准会找机会搬过去呢。"

果真是这样吗？从进入护理院后，乔治娅对任何人都是不屑一顾的，没有说过任何人好话。但如果露西所言非虚，那么乔治娅确实对格瑞丝夫人心存好感，如果真是那样，无论是海瑟的事，还是乔治娅自己，都可以借此迎来一个转机。

把露西送到娱乐室后，我告诉她，我有件事急需处理一下。然后，我加快脚步向着格瑞丝夫人的病房走去。

33.她们的秘密

肯尼斯来找我的时候,已经接近中午了。

他的脸色比我预想得要好,以往,每次他从乔治娅的病房出来时,都是一脸怒色。

"文森特医生,我有件事想跟你说。"

"洗耳恭听。"

"上一次你和那位警探去找我,他问了我个问题,为什么我母亲偏偏认定自己是 37 岁。我回去想了很久,终于想到了答案。"

我压抑住自己的兴奋,问他答案到底是什么。

算起来,在乔治娅 37 岁的时候,肯尼斯应该正好是 10 岁。对于那一年,肯尼斯最深的记忆就是,自己害怕地躺在床上,听着父母争吵,听他们冲彼此大喊大叫,他则吓得浑身发抖。他甚至还记得有一天晚上,母亲一直喊着要离婚,声音里满是愤怒和绝望。

但后来，渐渐地，父母就不再争吵了，这变化同样发生在这一年中。他一度高兴地以为，是父母和好了，他们重新发现了对彼此和家庭的爱。然而，他慢慢发现了母亲的不对劲。虽然，母亲把孩子们照顾得很好，但肯尼斯却总是能隐约感到她的敷衍——她只是在履行自己的责任，做自己该做的事，但心却不在那里。在母亲身上，某些东西似乎已经死了。

而今，已经长大成人的肯尼斯，终于可以明白母亲身上发生了什么——她嫁给了一位独裁的成功人士，然后生了三个孩子，她的丈夫是个控制狂，从不懂得妥协，也从不改变自己行事的作风，甚至因此影响了孩子们也在所不惜。母亲抗争过，甚至激烈到想要从家中逃离，但是最终在父亲最为专横的时候，她选择了屈服。

她投降了。在剩下的日子里，她甘愿生活在父亲的指挥之下。从那时起，生活就不再属于她。可能正是因为这样，她现在才会认为自己只有37岁。因为在她37岁起，她的人生就已经戛然而止。

"我想，他们后来一起生活的那十几年，我母亲应该付出了很大的代价，或许，她的性格都是因为这个才变得那么怪异，她的衰退症，不知道是否也和这个有关系。"肯尼斯感叹道。

"所以，你今天来这里，不仅是因为担心她的安全，也是因为想起了这段往事，为她难过吧？"我问肯尼斯。

他点点头："是的，尽管她对我和马琳的态度还是那样，我却没有以往那么生气了。我甚至有些愧疚，自己怎么没早想起这

33.她们的秘密

些,我猜这么多年,她活得一定很孤独。"

"你能这么想,我真的感到高兴。"我的高兴并不只是客套,因为我知道,当针锋相对的双方中有一方决定不再对抗时,那么距离他们摒弃前嫌,也就不再遥远了。不过,问题的关键还在于乔治娅,只有她摆脱了这段婚姻带来的阴影,消散了心中积郁多年的不满与失落,她的人生才可以从 37 岁真正继续下去。

肯尼斯走后,我拿出笔记本,将这次谈话记录了下来:

> 肯尼斯说,乔治娅在 37 岁时,屈从于控制欲极强的丈夫。

和肯尼斯的这次谈话,让乔治娅身上的很多现象都得到了解释。她的坏脾气,很可能来源于多年的压抑,她对待别人时惯用的奚落和冷漠,或许就是她丈夫当年对待她的方式。人们总是这样,从心里逃避过去的遭遇,却在未来亲自重复着类似的错误。

就在这时,敲门声响了起来,佩吉走了进来。

"能和你聊聊吗?"她没有坐下,而是站在我对面,神情带着些忐忑和不安。

史蒂芬被害那天,我曾经跟她说过,随时可以来找我倾诉。看来,现在就是她想倾诉的时候了。我自然一口答应下来,并且让她坐下。

"我这些天,想了很多,发现了很多之前没发现的事情。"她语气郑重地告诉我。

"比如哪些呢？"

"比如我看到了善良，就像史蒂芬，他就很善良；还看到了丑恶，就像杀死他的那个人，还有汉克，他们都很丑恶。而且，我还明白了它们都是真实存在的。"

看来，上次在娱乐室佩吉与汉克的那场争吵，给她留下了深刻印象。但是她能因此想到这些，却绝对是一种可喜的进步。以往她总是木然地面对着一切，表露出的情绪也都是负面的，而今，思考让她具有了积极的生命力，也让她对事物有了自己的态度。

佩吉接着说道："而且，我发现人是可以选择的，就像选择善或恶一样，或许，"说道这里，她停了下来，然后继续说道，"或许，我也可以选择成为一个怎样的人。"

"你当然可以选择，你能想到这些，这是个好兆头。"

"是吗？我自己也觉得这样很不错。以前每次在家休假，我都觉得很无聊，我和家里人关系一直不好，父母更喜欢我的弟弟，每次在家，我就只是不停地做家务，也没有人和我说话。可是现在，思考这些问题让我感到了快乐。"

"佩吉，我觉得你和以前不一样了。"看到佩吉的变化，我由衷地为她感到高兴。

她羞涩地笑了，笑容却很灿烂："格瑞丝夫人刚刚也是这么说的，她说我学会关心人了，因为我刚刚去给她洗澡，问了她最近感觉怎么样。你知道吗，我以前从没做过这种事。其实，我也不知道自己能做些什么，但是总觉得做要比不做好。就像史蒂芬那样，他动不了，可是他做了很多，不是吗？"

"你说的很对。"

"我好像说的有点太多了，"她似乎有些不好意思，"希望没有打搅到你，但是能找人说说心里话，我才会感到轻松。"

"你不会打搅我，这本身就是我待在这里的意义，不是吗？"我笑着让她安心。

佩吉起身和我告辞，说她还要去给蕾切尔送饭，因为蕾切尔有乱扔餐具的习惯，所以从来不被允许在病人们的餐厅用餐。"我差点忘了。"佩吉开门离开的时候，忽然想起了一件事，"格瑞丝夫人让我告诉你，有时间的话去她那里一趟，她有些话想跟你说。"

我笑笑："谢谢你。我会记得这件事的。"

佩吉放心地点了下头，然后爽快地跟我道别，在她身上，我看到了一种从未有过的力量。那是作为一个生命，所该有的温度。

34.重要的人

进入格瑞丝夫人房间的时候，我发现乔治娅也在那里。

她正坐在格瑞丝夫人床边的摇椅上，我注意到，她整个人只占了椅子的一半，并没有像她以往习惯的那样，将自己充分陷进椅背并不断摇晃。看来，露西说的是真的，格瑞丝夫人在乔治娅心中的分量确实不同旁人，她会在对方面前感到局促，通常人们只有在面对比自己更有权威的人时，才会表现出这样的紧张。

我拉过另一张椅子坐下，并且向乔治娅点了下头，算是问好。她看向我，没有说话，但眼神中却闪烁着激动与不安。

"乔治娅，找你来是想问你一件事。"格瑞丝夫人缓缓地开口，"我想，你一定也不是有意的，不过我猜，海瑟的一些事情大概是你告诉警察的吧？"

"告诉警察？"乔治娅显得有些诧异，"我需要想一想……那天那个年轻的警探来找我，是问了我一些问题，我就把我知道的都告诉了他。至于海瑟，我的确说了些，比如她看心理医生，

34.重要的人

和她和史蒂芬……天哪，你们知道吗，他们两个有性关系。"

我和格瑞丝夫人对视了一下，然后我告诉乔治娅："关于这件事，我们已经知道了，准确地说，是从佩特里警探口里知道，是你说出了这件事。"

"他亲口说的？他是一名警察，他怎么能出卖证人！"乔治娅几乎是惊叫起来。

"关于这一点，我也觉得蹊跷，但现在的重点在于，他因为这件事认定海瑟杀害了史蒂芬。"

乔治娅的脸色一下变得煞白："什么？怎么会这样？我并没有那种意思，我根本没有想要针对海瑟。"

"亲爱的，我们有时候无法预料自己所做的事情，会带来怎样的结果。我相信，你当时也想不到会带来这样的影响，对吧？"格瑞丝夫人柔声说道。

乔治娅赶忙点了点头，她带着感激地看了格瑞丝夫人一眼："是的，当时那位警探夸奖了我，说我很机敏，而且我所说的话对他很重要。我一下子就有点飘飘然了，就把知道的全告诉了他。"

"乔治娅，我很理解你为什么会这么做，你肯定希望证明自己真的有用。在这位警探之前，应该很久没有人说过'你很重要'这类的话了吧。"我对乔治娅说，肯尼斯告诉我的那些往事，让我很明白乔治娅为何会将海瑟的秘密和盘托出，在她过去的人生中，总是被压制、被忽视，她未曾获得过身为妻子应得的尊重，而是被丈夫当成一个组件一样安置在家中。她很久没有体会过"重要"的感觉了,所以,当一个人如此夸赞她的时候,她才会倍感激动,甚至卖力地给予对方想要的信息,以证明自己是真的重要。

乔治娅顿时愣住了,她低头沉默了好久,然后慢慢地点了下头:"是的,很久了,真的已经很久没人这么说过我了。"

"乔治娅,我想告诉你的是,无论别人承不承认,你一直都是重要的。"我对她说,这并不是套路,而是我对于她的真实感慨,"你亲手养大了三个孩子,而且他们长大后都那么优秀,我听肯尼斯说过,他们的父亲很忙,而且对孩子们疏于照顾,通常只在做一些决定的时候才会出现,是你每天陪在孩子们的身边。所以,你干了一件多么了不起的事,你怎么可能会不重要?"

听了我的话,乔治娅的眼圈有些发红,这还是我第一次见到她有这样的神情。此时,格瑞丝夫人也开口道:"的确如此,你知道吗,我也有三个孩子,而且我为了他们殚精竭虑,但是而今看来,我却并没有做得比你更好。你很了不起,乔治娅,我真的很佩服你。"乔治娅受宠若惊地看着格瑞丝夫人,眼睛中闪着一些晶莹的光,我想,此刻她的内心被触动了,这么多年来,她终于获得了别人的理解,也获得了别人的肯定。

"如果你愿意,我们都希望能和你更加亲近,以前我们没有说过话,但是刚刚交谈下来,我认为我们很有可能成为朋友。只是不知道,我是不是能有这个荣幸?"格瑞丝夫人继续说道。

乔治娅抬起手,抹了一下眼睛,然后对格瑞丝夫人答道:"是我的荣幸才对。虽然大家不说,但是我知道,人人都觉得我

34.重要的人

是个怪脾气的老太太。而人们都很喜欢你，我真的很羡慕你，如果我能像你那么和善就好了。"

"我也不是一开始就这样的，如果你愿意的话，我很想告诉你我过去的故事。"格瑞丝夫人微笑着说。

那天，两个人谈了很久，格瑞丝夫人并没有向乔治娅提出任何要求，甚至，在后来的谈话中都没有再提及海瑟，我想，她并不单纯是为了帮助海瑟才和乔治娅说了那么多，她是真的懂得对方的苦楚，也是真的看到了对方的善良。

而那天也是从我认识乔治娅后，第一次听她说了那么多话，每说一句，我都能清晰地感觉到，她心中之前固有的一些东西在崩塌。当一个人不被理解时，会用各种方式防御起自己，而当有人向她敞开心扉、真诚地接纳她的一切时，她则会卸掉伪装，也将自己的心敞开，从中获得拯救。

我想起了大学时读到过的两句话：

"将内心呈现出来，它将拯救你；如若不然，它将摧毁你。"

35.逆转

乔治娅果然向佩特里提出了见面。但这并不是他们两个人直接告诉我的,而是因为我发现佩特里重新开始了调查,而且,不再只针对海瑟一个人。

据说,佩特里率先找了汉克,他们在娱乐室里谈了很久,汉克离开娱乐室的时候,几乎是落荒而逃。佩特里甚至连蕾切尔和卡罗尔也都去询问过了,只不过,这两个人全都一言不发。听麦克娅说,佩特里还特意向她要了伯莎家的地址,亲自开车去找她问了话。

格瑞丝夫人问乔治娅,到底对佩特里说了什么,才让他不再只盯着海瑟不放。乔治娅说,她只是把自己见到的另一些事实,也告诉了佩特里。

比如凶案当晚,她半夜醒来散步时确实看到了海瑟和史蒂芬亲热,但同时,也看到了伯莎坐在护士站里聚精会神地看书。事实上,她在护士站前面来回经过了三次,伯莎连头都没抬一下,

35.逆转

乔治娅怀疑她根本没注意到自己。在这种情况下，即便是乔治娅自己想杀死史蒂芬，都并非是不可能的。

乔治娅还告诉佩特里，在威罗·格伦，海瑟并不是唯一看过心理医生的人，很多人都有过同样的经历，连她也不例外。

同理，海瑟也不是唯一拥有医学知识背景并有作案时间的人，这里的一些病人，也有可能做到把剪刀精准地插入史蒂芬的胸膛。

"看来，你的话启发了他。"格瑞丝夫人说道。

乔治娅点点头："嗯，不过我说的每一句话都是真的，我没有故意为了海瑟而说谎，我只是把之前没说出的事都告诉了他。我没想到，自己之前的话给海瑟带去了那么大的麻烦。"

我坐在格瑞丝夫人床边的椅子上，听着她们对话，很为乔治娅的表现感到惊讶。我一直以为，她的思维是有些混沌的，至少，不会如此清晰与通透，可此刻她说出的那些话那么简洁而有力。看来，之前和她的那次谈话，不仅触及了她的内心，而且让她做出了改变的决定。也可能，之前她所表现出的样子，那些冷漠、嘲弄与不屑一顾，本身就是她出于自我保护的故意表演，假到连她自己都欺骗了，以为自己就应该是那样的人。

格瑞丝夫人安慰她道："你告诉他那些话，并没有错，因为那都是事实。但是这位警探显然对海瑟有成见，虽然我们还不知道他为什么要这么做，不过如果任他继续下去，不仅海瑟有被冤枉的可能，真正的犯罪嫌疑人还会逍遥法外，那就是真的糟糕了。"

按照佩特里目前所采取的行动看，尽管他依然把海瑟作为主要嫌疑人，但已不是唯一的了，他也开始怀疑起别人犯案的可能性。

"你说的那些话，他那么快就相信了？"我想起了之前佩特里对于乔治娅衰退症的担忧，怀疑他不会轻易相信这位上岁数的老妇人。

"当然没有，他问了我一个问题，"乔治娅笑一下，"他说：'你今年多大年纪？'"

"你是怎么回答的？"

"我说，我今年76岁。"

我和格瑞丝夫人也笑了，看来，真诚是有代价的，不过比起能从中获得的益处，这代价绝对值得。

送乔治娅回到房间的路上，我犹豫了半天，还是决定直接向她求证。

"乔治娅，你能不能告诉我，你之前总说自己是37岁，是假装的吗？"

乔治娅不好意思地点点头："是的，我当然知道自己早就过了那个年龄。但是我却并不想记住自己到底多大了，或许是因为，我37岁后的日子，不是那么如意吧。所以我干脆让自己停留在过去，这很自欺欺人，是吧？"

我想起她床头柜上的照片，我想，少女时代无忧无虑的生活，或许正是乔治娅一直缅怀的，所以，她才会放上一张有着这样主题的照片吧。"人都有想要逃避的时候，但是有些人比较幸运，会等到自己愿意接受现实的那一天。现在，你终于等来了这一天，这是件值得高兴的事。"我说。

乔治娅轻声笑了一下："文森特，我知道你是心理医生，但没想到你这么会安慰人。"

"我不仅会安慰人，有时候还会很讨厌，喜欢刨根问底，"我也笑了起来，"现在，我就想再问你一个问题，关于你的尿失禁，你是无意的，还是有其他原因？"

乔治娅没有说话，思索了很久才说："其实，我自己也搞不懂为什么会这样。自从和肯尼斯他们生活在一起后，我就有了这个毛病，可是一来到这里，我就会能控制自己。"

我梳理了一下心里的想法，然后告诉乔治娅："我想，你会不会从心里很排斥和孩子们生活，但是又不想，或者说是不敢明说，而你的身体却做出了反应。而来到威罗·格伦后，你没有了之前的心理压力，自然就能恢复功能了？"

乔治娅想了想："我不知道我的身体是不是真能做到这样，但是，我确实不愿意和孩子们一起生活。我这么说或许有些自私，但是我已经为照顾家庭付出了一辈子，再也不想继续下去了，如果我和孩子们生活在一起，而我又表现得健康如常的话，说不准他们就会让我照顾他们的孩子，我一点都不愿意这样。"

我告诉乔治娅，她的想法并不自私，之前，她不得不被外力推搡着生活，后来压迫她的外力不存在了，她有了选择的余地，却没有了开口表达的习惯。这个时候，潜意识里的想法引发了身体上的异样，可以说，她的身体是在帮她解围，让她得以不用自己表达意见，也不用因此承担任何责任，就能达成离开家的目的。另一方面，她还因此拥有了某种优势，可以堂而皇之地指责别人。

而比起让她紧张的家，威罗·格伦对她而言就像个避风港，在这里，没有人对她有所期待和要求，她反而能自己对自己负责。

而此刻的乔治娅，似乎已经卸去了那些伪装，她的眼神里没有了过去常见的冷漠与不屑，变得平和如一湖池水。"你知道吗，我之前管海瑟借过那本《重生》，但是看了个开头就还了回去。当时海瑟劝我应该读下去，说'最开始是没什么意思，但是现实有时也是这么不讨喜'。我告诉她：'人们有权选择自己想看到的现实。'现在想想看，我不过是在逃避现实。很多年前，我没有勇气继续和我丈夫对抗，后来，我连看完一本书的勇气都没有，我对史蒂芬也是这样，我只和他说过一次话，就没再继续了。真是可惜，如果我能早些了解他就好了。"

"现在也不晚，威罗·格伦还有很多人值得你去了解，"我顿了顿，然后问她，"你决定找佩特里，只是因为我们和你谈话了吗？"

"有这个原因，是你们告诉了我海瑟的遭遇，我才知道自己无意中惹了麻烦。但是，也有其他的缘故，我慢慢发现，我喜欢上了这里和这里的人，这听起来很不可思议吧？"

我想起她和露西坐在一起看广告单的样子，还有和格瑞丝夫人聊天时的眼神，倒觉得她所说的，并非不可思议。

"等肯尼斯他们再来看我，我就和他们实话实说，或许，我还应该道歉，因为我骗了他们那么久。"

"他们如果劝你回家呢？"我猜测，肯尼斯如果知道了乔治娅一直以来都是伪装的，很可能会有此提议。

"我不会回去的。坦率说，我不想做别人眼中慈祥的母亲或祖母，我花了那么多年照顾家庭，现在想好好享受剩下的生活了。说出来你可能不信，我觉得在这里，我可以学到很多。"

我想，我笔记本上的那一页，可以写上结语了。

36.重回谋杀之夜

至于乔治娅究竟看到了什么，才让佩特里如此认定海瑟杀害了史蒂芬？

让时间倒回到威罗·格伦最漆黑的那个夜晚。半夜，乔治娅突然醒来，她望着窗外的树影，感觉自己或许做了个梦。之所以说是或许，是因为梦的内容几乎不记得了，只残存了一个画面：各种难以理解的数字，模糊隐晦的符号，以及说不清含义的单词不断在空中盘旋，然后齐刷刷落下，向她扑来。这不是个让人愉快的场景，乔治娅甚至不想回味。

她从来都不喜欢黑夜里的梦，因为自己无法控制它们的内容。她更喜欢那些白日梦，自己可以随心所欲，让一切都符合自己的预期。

乔治娅躺了半晌，最终还是爬了起来。老年人的无奈之一就在于，在半夜醒来后，没办法立刻入睡，为了消磨时间，也是为了忘掉那个让人不快的梦，乔治娅准备找点事做。

36.重回谋杀之夜

她摸黑穿上了软拖,穿着睡袍走到了昏暗的走廊上。在夜间,工作人员会关闭廊上的荧光灯,只有护士站里还散发出幽暗的灯光。她朝护士站走去,很想能找个人说说话,可护士站里却只见伯莎依然埋头于小说。她认识伯莎,知道她很吝啬言辞,而且,这样打断她的话,也似乎有点不礼貌。就在这时,她注意到从对面走廊里透出了一丝微光,在好奇心的驱动下,她绕过了护士站,从醉心于爱情故事的伯莎身边走了过去。

原来,这光是从补给室的小门厅里透出来的,她朝着亮光的地方走去,没走几步却停了下来。因为她看见了海瑟——她正身穿护士制服,躬身站在史蒂芬的轮床前,脑袋埋在他大腿根部,有节奏地律动着。乔治娅自然明白自己看到了什么,虽然没有人发现她,她却感到十分尴尬,于是她很快就悄无声息地转身折回了。

在经过护士站时,伯莎依然连头都没抬一下。乔治娅进入了娱乐室,打开落地灯,阅读起了一本杂志。杂志里的内容丝毫吸引不了她的注意,她的脑子里一直盘桓着刚刚看到的场景。

她几乎能想象出海瑟和史蒂芬亲热的具体细节:海瑟掀开他身上的被单,从他的下体摘掉导尿管,之后用双手慢慢揉着,片刻间,手中的东西就开始胀大。他们或许还会默契地对视一眼,一起体会那东西在海瑟手中变得无比坚挺。在补给室透出的幽暗灯光下,她看着它,而它仿佛长了眼睛,也在看着她,并且像她一样激动而紧张。海瑟俯下身来,先是用舌头轻点,然后又开始舔舐。接着,海瑟加速动作,把整个前端都含在嘴里,有规律地运动着，不久后，一股液体喷薄而出，直射入她的喉咙。与此同时，史蒂芬口中很可能会发出一阵声响，乔治娅虽然坐在娱乐室，耳边却仿佛真的听到了史蒂芬的叫声。

乔治娅脑中闪回过的这些画面，却并未让她产生激动——无论是心理还是生理的。事实上，她虽然生育了三个孩子，但是在性方面一直很冷淡。她不喜欢性爱，觉得这件事毫无意趣可言，每次她只是在履行着某种义务而已。这种念头很容易被人批评对伴侣不尊重，但是在乔治娅看来，这样对自己的先生却没什么不妥。

一切只是义务而已，不仅是性，从她37岁那年开始，一切就都变成了单纯的义务。既然生活不能让她感到喜悦，她也就决定不再取悦任何人，除了自己。那些白日梦，还有照片上快乐无忧的少女，就是她取悦自己的方式，尽管比起生活本身，这些幻想实在微不足道，却成了让她挺过乏味岁月的唯一慰藉。

在这个晚上，她看到了海瑟与史蒂芬亲热的一幕，虽然她不知道这两个人是怎么在一起的，却也隐隐感觉到，这种关系对史蒂芬至关重要。

"那个年轻人，以前大概都没体会过什么是性吧。"乔治娅胡乱想着，又不禁想起了自己的过去，想起那些不得不尽义务的夜晚，这让她感觉糟透了。

她一边叹着气，一边关了灯，然后回到了走廊上。"我大概真的该回去睡觉了。"她心里想着。这时，大厅方向似乎有什么东西一晃而过，她仔细望了望，却只能看到一团模糊的物体快速融进了拐角的阴影处,很快,就彻底不见了。

"我应该是眼花了,果然撞到别人偷欢,是会倒霉的。"乔治娅自嘲地想道,决定回到房间,不然保不准又会目击什么奇怪的事。

还好,躺在床上后,她没太费时间就沉沉睡去。

37.佩特里的挫败

在佩特里调整调查方向的第二天,科尔医生给我打了电话,让我去一趟诊所。他说,就在前一天,一名叫佩特里的警探拿着有海瑟签字的授权书,去找他询问了些情况。

佩特里告诉科尔医生,海瑟是杀害史蒂芬的主要嫌疑人。"你意外吗?"他如此问科尔。

"确实意外,因为我认为海瑟是不会杀害别人的。"

"那你知道,海瑟和死者之间的性关系吗?"

"不知道。她没告诉过我。"

"你觉得她为什么不告诉你?会不会是她不想别人知道这件事,这样她杀死史蒂芬的时候,也就不会有人怀疑她。"

科尔的态度很平静:"我倒觉得,她可能是因为不好意思。从技术角度讲,在心理治疗的过程中,病人应该对治疗师坦诚布公。但实际上,他们通常不会这样做,他们很容易隐瞒一些重要信息,至少在治疗接近尾声之前都会如此。至于海瑟,她离治疗结束还远着呢。"

"现在你听到这个消息，感到意外吗？"

"不。"

佩特里似乎是不甘心，他继续追问道："一位美丽的年轻护士，竟然和一个丑陋的瘫痪病人亲热，你难道不意外？刚刚我说她可能杀人的时候，你却表示意外，你不觉得这有些矛盾吗？"

科尔笑着解释："即使是灵魂完整统一的人，在做事时也不一定能永远和谐有序。就像右手不知道左手在干什么，有些人看起来很正常，做的事却很古怪。"

佩特里皱起了眉头："你是位心理医生，却和我讨论灵魂？"

"灵魂听起来确实没什么科学依据，但在我看来，大部分人都有个很好的灵魂，只有少数人，就算从深层角度来看，他们的灵魂也不健全。不过，海瑟却有个很好的灵魂。好的灵魂不会杀人。"

佩特里不禁提高了音量："根据粗略估算，海瑟·巴斯顿女士在威罗·格伦当值的时间，只有总时间的四分之一。但在过去一年来，威罗·格伦去世的病人一共有 62 名，其中有 34 名都死于她当值期间。两者之间明显存在着关联。"

"我倒不这么认为，死亡常常并非是偶然的。"

"不好意思，你说什么？"

"如果你去调查一起车祸，发现司机喝了很多酒，必然会认为车祸并不是偶然的，司机醉酒才是导致车祸的原因。同样，很多病人在见到某位重要家庭成员时，刚好咽下了最后一口气，这也并非是偶然的，而是他们努力坚持着，一直等待那个重要的人。在威罗·格伦，弥留之际的病人也会这么做，一直等到海瑟能来陪伴他们。"

佩特里抿着嘴唇，似乎在控制着自己不发脾气。"海瑟为什么要在你这里接受心理治疗？她说是因为感情问题，是这样吗？"他问道。

"的确如此，她在这方面能力很差。"

"你刚刚才说过，海瑟有个很好的灵魂，现在又说她在感情上能力很差，这非常矛盾。"

科尔医生突然意识到，面前这位年轻的警探，很可能对于规整有序的世界，有着超乎常人的痴迷。他看不到事物的多面性，也看不到那些逻辑和推理存在的局限性。

"有些人会在某些方面表现出极强的能力，而在其他方面，则会显得十分无能。这并不是什么新鲜事。"

在心理学中，人格中的主宰部分就是"自我"。当涉及某些特定问题时，"自我"往往会陷入矛盾，表现得非常愚蠢和低效。但在涉及其他问题时，"自我"又不会陷入矛盾，表现出极高的智慧和极大的力量，并且行事高效。

所以，才会出现很多这样的例子：一位能力卓越的企业主管，同时却是个可怕的父亲；一位手腕强大的政治家，却是个不称职的爱人；一位慈爱的母亲，却是个性冷淡的妻子。

而对于海瑟而言，她的母亲冷漠忧郁，父亲是个酒鬼，暴力而消极。母亲常对海瑟诉说自己的无力感，说自己"很没用"，

37.佩特里的挫败

还会对海瑟灌输她有多么缺少父爱。因此长大后，孩子看上的男人总是会像她父亲。她的某一部分在模仿自己的母亲，认为自己配不上更好的男人。

佩特里依然表示难以置信："她如果真的如此称职，怎么会在医院里和一位无法自理的病人发生关系？"

"在我看来，与其说这种违背是因为缺乏专业能力，倒不如说，这是因为她没法处理好情感问题。"

听到这句话，佩特里的忍耐应该是已经到了极限，他站起身来向科尔医生道谢，但是表情严峻，语气敷衍，可以看出，他对这次谈话很不满意。

科尔医生描述完这次会面后，我忽然想起了之前佩特里盯着规整的农田看得出神的情景，又想起他系到最上面一枚扣子的警服，和总是快人一拍的动作，不禁深深认同起科尔医生的分析来，没错，佩特里对于规矩真的有种特别的执着。

还有一件事说来也很值得玩味。自从佩特里找麦克娅打印过几次文件后，我总能在行政中心见到他们两个人说话。原本这不算什么新闻，但是职员们私下传播的消息，却让整件事有了别样的味道。

佩特里向麦克娅问了很多问题，大部分却与案件没什么关系。比如，她去不去单身俱乐部，家乡在哪，平时有什么爱好，甚至，连她家用电脑的型号都知道了。作为史蒂芬案件的警方负责人，他自然拥有向护理院员工提问的权力，但他对麦克娅的态度，却透露出了另外的目的。

显然，他对这个与自己有着相似气质的女人，很感兴趣。

我几乎可以肯定，佩特里的好感，源于他对同类的欣赏。他们同样执着于规则和秩序，同样喜欢整洁干练的形象，同样崇尚高效，他们在很多地方都如出一辙，这种熟悉的气息，让佩特里感到舒适和安全。

而面对佩特里，麦克娅的反应也在意料之中。她每次都有问必答，笑容甜美，客气礼貌，但也仅限于此了。对于字面意思外的暗示与试探，她则一概假装不知。据说，两个人的对话常常是这样的：

"在来这里之前，你住在哪儿？"

"俄克拉何马城。"

"那里是你老家吗？"

"是的。"

"家人还在那儿吗？"

"没错。"

"你说话可不像个俄克拉何马人。"

"俄克拉何马人怎么说话？"

一个女人只有在对追求者毫无兴趣的时候，才会如此惜字如金。佩特里并不了解麦克娅，他只看到她身上井然有序的表象，却不知道这个女人内心中翻动着怎样的浪潮。

38.麦克娅的箱子

发现麦克娅的秘密，纯属于偶然。

在史蒂芬遇害后，很多人都将目光投向了威罗·格伦护理院，各种检查与报告比往常变得更加密集。不仅西蒙顿夫人更加忙碌不已，麦克娅也会时常加班，甚至回家后还要整理资料。一次检查的当天，当检查员已经在办公室里坐定后，麦克娅突然发现了一件事——有个重要的文件被她落在了车里。

在她的概念中，这是不能原谅的错误，也是绝对不能传播的丑事，一旦让员工们知道，将威胁到她的威信。于是，在办公室内帮助发放资料的我，就成了最佳的求助对象。我的兜里揣着麦克娅的车钥匙，一个人来到了停车场，她的那辆小丰田很好找，它和自己的主人一样一尘不染。

我在她说的那个座位上找了半天，却没有发现牛皮纸袋。我猜麦克娅或许是记错了，于是打开了后备厢，一个小巧的棕色箱子出现在了眼前，看那尺寸，用来放牛皮纸袋正合适。我试着去摁开关，并没有上锁。但随着箱子盖的开启，我发现了一样出乎我预料的东西，正静静地躺在里面。

那是一条中等大小的皮鞭，颜色黝黑，能看出有使用过的痕迹。鞭子下面放着几件女士衣物和生活用品，其中一件衣服的花纹十分熟悉，我曾见过麦克娅穿过同样的图案。由此可见，这是麦克娅自己的箱子。

看着箱子里的东西，我不禁默默地计算了一下排班表，明天开始，麦克娅又将迎来休假。她从来并不像其他人一样在周末休息，而是会把假期攒在一起，在每个月的固定时间连休四天。因为史蒂芬的案子，她这个月缩短了假期，不过看情形，麦克娅依然要在假期开车外出，就像她以前那样。只是，这条躺在箱子里的鞭子，会是她为谁准备的呢？

我关上箱子，重新锁好了后备厢，在车里到处摸索了一会儿，终于在一个座位的下面找到了装着文件的信封。看来，它是在麦克娅开车过程中掉落的。

那天之后，我总会想起箱子里的那条皮鞭。我猜，麦克娅每个假期开车到另一个城市，或许就是为了寻找一个能让这皮鞭派上用场的人。我不难想象出这鞭子的具体用途，很显然，她在性方面有着独特的癖好，施虐是她喜欢扮演的角色。但她不能在新华沙干这件事，因为在同一个城市的话，太容易被人撞到，这会破坏她努力维持的形象，所以她干脆选择去另一个城市，距离可以帮她隐藏秘密。

一个严谨规范的年轻女孩，却热衷以非常规的形式获得快感,这确实是个让人诧异的反差。但是仔细想想,这却又是最适合她的模式。

麦克娅喜欢制定规则,喜欢让人驯服,喜欢用惩罚甚至暴力让人听她的话。在两性关系中,她一定会愿意充当一个调教者。只有这样关系下的性爱,才会让她真的感到快慰。

麦克娅的形象确实具有迷惑性,而这样一个调教者,自然不会青睐佩特里,即便他们有着同类的气息,但他却成不了麦克娅想要的猎物。

39.海瑟的轨迹

科尔医生找我去诊所，并非只是为了告诉我佩特里和他的对话，还有一件事，在他看来更加重要，那就是关于海瑟的治疗。

"虽然说治疗过程应该保密，但是现在是海瑟的非常时期，我认为有必要将这些告诉你，这样你也可以在关键时候帮她一把。"他这样对我解释着。

大约一个月前，海瑟在这间治疗室里，不情愿地躺上了那张熟悉的软榻。

"其实，这次并不是我自己想来的。"海瑟解释着，显得非常无所适从，"西蒙顿夫人说我应该赶紧来。我想，我也确实应该告诉你发生了什么——我和托尼约会了，我们开心地一起喝酒，还上了床，事后他想离开，可我不想他走，于是我试着纠缠他，结果他打了我。"

科尔等待了半晌，然后问她："就这样？"

"就这样。"

39.海瑟的轨迹

虽然早知道海瑟的毛病，科尔医生还是叹了口气："你可不可以再描述一遍事情的过程，尽可能说得详细一些，说出你当时的感受。"

"可我真的没什么好说的。我和托尼约好去滑雪，他下午一点来接的我，两点半到五点之间，我们一直在滑雪。然后我们就回到公寓，我做了晚饭，晚饭后，我们做爱了。然后，就像我告诉你的，他想离开，我不同意。于是我们吵起来了。他打了我，然后就走了。事情就是这么简单。"

科尔医生思考了片刻，给了海瑟一个建议："不如这样，我们来做个游戏，一个严肃的游戏。接下来，我将要扮演一个角色——你人格中健全的那一部分，也就是健康的那个你。"

他走过来，站在海瑟身后："现在，我会向你提问。你假装提出问题的并不是我，而是你自己，明白吗？换句话说，咱们是在扮演自问自答，你明白了吗？"

"明白了，你假装成一个我，提出问题，然后再由我来回答。"海瑟说。

"好的，你果然很聪明。"

科尔开始发问："托尼到下午一点才来接我。这时间去滑雪已经太晚了，他为什么不早点来接我呢？"

"他说他想早些来的。他本来说会在早上十点来接我，可是我等了又等，结果直到下午一点他才过来。"

"为什么他让我等这么久？"

"我问过他，他说要修理一辆车子，那是个急活儿。"

"我真的相信这话吗？"

"不太相信。我从没听过哪个技师只做半天的工作。但是我不想再问，因为怕他觉得我不相信他，那样他会生气的。"

"他迟到这么久，为什么不给我打个电话呢？"

"我没问过。我不想给他太大压力。"

"和托尼一起滑雪时，我开心吗？"

"不开心，我其实很害怕。我总是摔跤，我让他教我，他教了也就十分钟的样子，然后就说要去吃点东西，接着他就沿着小路走了。我自己在原地练习，不停摔跤，直到有人路过，他们好心地教了我一些滑雪的技巧，我才好了一些。托尼到五点钟才回来，那时索道已经要关了，接着，我们就回家准备晚饭了。"

"我想做晚饭吗？"

"不想。我已经很累了，根本不想做饭。我希望托尼能带我出去吃饭，吃比萨什么的就可以，但是他说钱已经用完了，都交了滑雪费了。所以我只好买了两块牛排，一些烤马铃薯和冰激凌，我家里还有一瓶便宜的杜松子酒。"

"我喝的是不是比平时多？"

"是的。那时我情绪已经不太好了，我觉得喝酒能让我高兴点。"

"我想和托尼上床吗？"

"是的，喝酒总是能激发我的性欲。而且，我希望那个晚上能过得美好些。"

"做爱时我觉得享受吗？"

"不享受。托尼早早就高潮了，他说那是因为喝了杜松子酒的缘故。"

"我相信他吗？"

"不信，我觉得男人喝了酒反而不会那么快高潮。我想让他用其他方式满足我，但他拒绝了，说他很累。"

"那时我有什么感觉呢？"

"我觉得自己被抛弃了。我不想自己睡，我希望有人能抱着我，抱一整晚。"

"之前我问过他会不会留下过夜吗？"

"我想过，但觉得最好别问。托尼总说自己不喜欢被约束。"

"这一整天都很糟糕，是不是？"

"就像在地狱那么糟。"

科尔医生停了下来，经过这一轮的"游戏"，他启发海瑟说出了这件事的很多细节，这是以往治疗中未曾有过的突破。而这些细节，让他对海瑟的情况有了基本的判断。

"托尼在这一天中做的那些事，你生气吗？"

海瑟点头承认："生气，每一件都生气。"

"他打你之前的情况，能不能告诉我？"

海瑟想了想："就在他穿好衣服，打开公寓的门时，我一丝不挂地跑到客厅里，对他说：'你的蛋蛋是花生酱做的。'然后，他就动手了。"

科尔医生不禁笑了："对不起，海瑟，不过这真是太好笑了。

你是不是想对他说,他根本不是个男人,简直就是一坨屎。"

海瑟也笑了:"是的。"

"挨了托尼的打,你有什么想法?"

"我没什么想法,我根本不在乎。"

一般在人们说不在乎时,他们真正想表达的其实是:自己在同一时刻,经历了各种不同甚至是互相冲突的强烈情绪。所以,在挨了托尼的打之后,海瑟的不在乎,很可能也是复杂情绪的结果。一个人在说不在乎时,往往是因为他们经历了太多这样的事情,已经习惯了,她习惯了被忽视,被冷落,偶尔的渴望最后都会被失望取代,是绝望的渴望。

"海瑟,如果有个陌生人在街上打了你一拳,你肯定不会不在乎地走开。所以,我希望你好好回想一下,你当时的感受到底是怎样的,不要拿一句话总结,把你的每种感受都说出来。"

海瑟思索了半响,才缓慢地开始描述:"首先,我感觉很好,终于叫他滚蛋了。但是,对他的行为,我感到很愤怒。同时,我还感到高兴,因为他终于有回应了。可我又觉得他辜负了我,但又觉得这可能是我活该。我觉得我自己活得就像一坨屎。我还觉得,他之所以像对待一坨屎一样对待我,可能因为我本来就是一坨屎。"

"想想看,在你小的时候,母亲是不是对父亲说过类似的话?"

"她说他没长骨头。"

"是在挨打的时候吗?"

"是的。"

"想想看，托尼是不是很像父亲？"

海瑟没有说话，科尔医生知道，她是在用沉默抗拒接下来可能提及的问题。过了很久，海瑟才冷冷地说："不像，我父亲是个酒鬼。托尼的性格和他不一样。"

科尔医生却不打算停下："那就想想看，你的父亲是不是总不守约？是不是总会迟到？在迟到时，是不是也给不出什么合理的解释？"

"够了，别玩这种把戏了！"海瑟粗暴地打断了他，"我知道你接下来想说什么，你会说我重蹈覆辙，在走我父母的老路。会说我选的男人都和我母亲选的一样，而那些男人也在用父亲对待母亲的方式来对我。我累了，不想再听一遍废话了。"

这就是海瑟一直逃避的，也正因此，她难以脱离她的轨迹，更无法找到其他轨迹。

科尔医生并没有发火，而是温柔地对海瑟说："那你觉得，你为什么总会在感情上受伤害？"

"我总是遇不到好男人。或许世上根本就没有好男人。"海瑟喃喃地说。

"世上肯定是有好男人的。但是当你遇到好男人时，可能根本就没注意过他们。对你来说，他们吸引力不够，你从来没把他们放在眼里。他们不符合你现在的'轨迹'，而在你现有的'轨迹'里，也找不到和好男人相处的方法。"

海瑟没有反驳，或许她早就知道，科尔医生说得一点没错，烂男人并不是她的宿命，她的宿命在于她自己。

其实不仅是海瑟，任何患有神经症的人在来治疗时，都会说自己想要改变。但是一到行动上，他们会发现自己最不想做的，也是改变。神经症从来都不只是一个名字，它本身也是有生命的，它也会反击，会想要保护自己，这个过程叫作"阻抗"。

发现"阻抗"并不是件坏事，越能意识到它的存在，也就越能克服它。一个人在没找到新的道路前，会觉得其他的"轨迹"陌生又可怕，于是习惯去遵循旧的轨迹，即使这些轨迹根本不适合自己，也似乎会让生活显得容易些。

这种想法很正常，但并不正确。

40.汉克的噩梦

因为聊到了海瑟的事情,我在科尔医生的诊所里待了大概半天,才回到了威罗·格伦。而这一天,我的办公室迎来了一位意想不到的拜访者。当汉克走进来的时候,我真的以为他是走错了门,然而他却涨红了脸告诉我,他是来找我的。

"文森特医生,我能不能和你聊几句?要知道,咱们好像很少有机会说话。"汉克这么说着,语气带着从未有过的诚恳。

"十分欢迎。"

汉克坐在我对面的椅子上,手里还紧紧握着他的手杖。"是这样的,那位叫作佩特里的警探又找我谈了次话,他好像……"汉克停顿了一下,然后压低了声音,"他好像怀疑我杀了史蒂芬。我没有,真的没有!要知道,我是不太喜欢史蒂芬,但我绝不会杀人。"说到最后,汉克显得有些激动,他努力挺直了脊背,像是在做出什么重要的保证。

"他为什么会这么觉得?"

汉克的脸变得更红了："因为他查出我说了谎。我对他说，我在'二战'时期是一名空军飞行员，但是他找出了我话里的破绽，还说要去查退伍档案，我一害怕，就承认自己是在编故事。"

对于揭穿骗子，佩特里有着丰富的经验。听米歇尔警员说过，佩特里曾在纽约城治安最差的地方工作了很久，那里无序、肮脏和腐败，每天接触的，都是社会最底层的群体。佩特里在这种环境下磨炼过多年，并成功获得晋升，早就熟悉了各种骗术，汉克这种程度的欺骗，自然能被他轻易识破。

"然后呢？"

"然后，他问了我几个问题，比如身体状况如何，有没有接受过和医疗有关的培训。我告诉他，我当过救护车的维修师，要知道，这是我很喜欢的一份工作了。之后他让我指了一下心脏的位置，我照做了。但接下来，他就突然说我是嫌疑人。"

询问身体状况，以估量是否有杀死史蒂芬的能力；

询问职业经历，来推测有没有一刀将史蒂芬毙命的可能。

这个男人果然思维缜密，然而奇怪的是，他每一次似乎都特别急着下结论，对海瑟如此，对汉克也是如此。

"我当然告诉他，我没杀史蒂芬。他问我，和史蒂芬的关系怎么样。我说我挺喜欢史蒂芬的，要知道，威罗·格伦里的每个人都喜欢史蒂芬。然而他认定我又在说谎，因为有人告诉他，史蒂芬死后我和佩吉吵过一次架，我对史蒂芬说了很多不好的评语。"看来，佩特里的调查果然细致入微，虽然他对于结果有些急于求成，但是确实有着一名优秀警探该有的业务素质。

40.汉克的噩梦

"那实际上,你喜欢史蒂芬吗?"

"我……不喜欢。"

"为什么?"

"因为海瑟总围着他转,佩吉也跟他关系很好,还有其他人,这里的每个女人都喜欢他。"大概是有些不好意思,汉克说出这句话时,眼睛一直盯着地板。

"这些话,你也都对佩特里说了?"

汉克点点头:"是的,要知道,他凶得很,说我再说谎,就把我马上扔进监狱。后来,谈话就结束了,他说我已经被列入了嫌疑人的名单。"我这才发觉,几天不见,汉克显得比以前衰老了不少,应该是和佩特里的那场谈话,让他感到了压力和恐惧。

我安慰他:"你不用担心,仅仅一场谈话,是不能给你定罪的。"

汉克抬起头,感激地看了我一眼:"谢谢你的安慰,我就是忍不住有些心慌。另外,还有一件事,虽然有些难开口,但我也想和你说说,要知道,在威罗·格伦,我的名声不好,没有人愿意听我说这些。"

"非常乐意,你可以毫无避讳地说。"

汉克清了清嗓子,然后,给我讲起了他的经历。那天,就在佩特里吓得他从娱乐室落荒而逃之后,他回到房间,躺在床上,相当气闷。

他很生气,回想起自己这一生,警察好像永远和自己过不去。而除了警察,别人对他也从没有好过,小时候,因为个子比别人矮，他不仅被同龄人排挤，更受够了欺凌。他记得矮小的自己被人推倒在路边，拳头雨点般落下来，他蜷着身子，努力想护住自己的要害。

不知是不是刚刚的谈话让他太疲倦了，他只觉得迷迷糊糊，像是要睡去。就在这时，一个画面突然出现在大脑里。汉克看到自己正躺在轮床上，全身赤裸，而他身处一个狭小的房间里，高大魁梧的嫌疑人就站在身边。但这一次，嫌疑人拿的不是那把大剪刀，而是一片小小的剃须刀片。那刀片正被嫌疑人优雅地捏在拇指和食指之间，然后，他用同样优雅的姿态一点点接近汉克裸露的阴茎，慢慢用刀刃……

汉克一下子从床上坐起来，就像一只受惊的动物，他在房间里不安地打转，极力寻求一个可以让自己躲起来的庇护之所。

"那个画面太可怕了，我也不知道自己怎么会有这样的幻觉，但我觉得，你可能知道，要知道，你是这方面的专家。"

我判断，汉克应该是一名"阴茎自恋者"，在心理学上，指的是这样的一种人：一生中最主要的无意识动机，就是希望自己阴茎的尺寸能够得到别人的赞美。科尔医生以前在美国陆军驻日本冲绳基地工作过一段时间，他那时的上司就是一名典型的"阴茎自恋者"，这位上司也喜欢整天拿着一根手杖，以便随时随地去戳那些不合他心意的人。不过，科尔医生渐渐发现，上司并不是胡乱炫耀权威，他所戳的人，确实都有着各种各样的问题。

而相比起来，汉克无疑属于另一种"阴茎自恋者"，他是出于自卑和虚荣，所以才会在腿脚灵便的情况下，依然每天拿着手杖，并且处处找机会来展示自己的性能力，想以此证明自己"够强"。这样的人，通常都是生活上的失败者。

我想了想，然后告诉汉克，他可以试着丢掉手杖，然后学着尊重别人的感受。这样，他或许就不会再出现那种恐怖的幻觉了。

41. 抽屉里的秘密

几天后,佩特里又出现在了护理院,他找到了西蒙顿夫人,提出要对某位病人的物品进行搜查。然而奇怪的是,他想搜查的并不是汉克的房间,却是蕾切尔的。

"他查到了一条警方记录,说起来,"说起这次搜查的缘由,西蒙顿夫人对我说,"这件往事连我都不知道。"

8年前的一天晚上,蕾切尔曾打电话到警局,指控丈夫对她进行侵害。警方在赶到后,却没发现任何证据能证明她受到了侵害,反而是在她丈夫脸上发现了一些抓痕。最终,警方没有采取进一步的行动。

这的确很古怪,明明是蕾切尔伤害了别人,可她却打电话求助。

而就在几天前,佩特里在重新检查蕾切尔的病历时,发现了一个"巧合",她来威罗·格伦的时间是1980年8月13日。他赶紧让米歇尔确认了那宗报警记录的事件,竟然是1980年8月

41.抽屉里的秘密

8日,也就是她入院的5天前。

结合蕾切尔病历上频繁出现的"残暴",以及她曾经的职业——护士,佩特里的神经高度敏感起来。而他的助手米歇尔所说的一件事,更让他坚信,这个"巧合"背后有着不为人知的隐秘。

当年蕾切尔报警后,当时的警局上司——也就是现在的局长特意做了指示,不让手下人把报告立刻放入日志里。通常只有在不希望某件事被报纸曝光时,才会如此,而上司也很少那么做,所以米歇尔印象深刻。至于原因,很可能是因为蕾切尔的丈夫是镇上的风云人物,迫于威势,即使是警方,有时候也只能稍微妥协。

按照流程,佩特里应该再去找蕾切尔谈谈,但之前他和蕾切尔说过几次话,每一次,都变成了他的自说自话,那位轮椅上的老妇人根本不回应他。这一次他又找到了她,不出所料,对方依然一言不发,不过佩特里早就想到了对策,他假装接下来要和蕾切尔的室友说话,请蕾切尔暂时离开一会儿。

接下来的一幕,在佩特里预料之中,却在他设想之外。

只见蕾切尔轻轻扭动手腕,便摇着轮椅从佩特里身侧掠过,动作异常协调。然后,她伸手扭动把手,把门拉开,迅速移到了走廊上。她是如此健壮而敏捷,能自如地用轮椅行动,快速,而不发出任何声音。换句话说,她完全可以做到一个人游荡在黑夜中的威罗·格伦,躲开沉迷于爱情小说中的伯莎,将剪刀又准又狠地插入史蒂芬的心脏。

是时候采取行动了。

他找到西蒙顿夫人，提出想要搜查蕾切尔的物品，既然人不愿意开口，就只能从她的物品中寻找蛛丝马迹了。但是，一个让人为难的局面出现了，蕾切尔的丈夫，是威罗·格伦董事会的成员之一。

"如果问她丈夫的话，他会同意搜查吗？"

"他不会同意的。"西蒙顿夫人毫不犹豫地答道，"他就是个多疑成性的老浑蛋。"

"你不喜欢他吗？"西蒙顿夫人的话，让佩特里很感兴趣。

"不喜欢。感谢上帝，我不需要喜欢他。我不知道该用什么词，总觉他身上有些……很恶劣的东西。当然了，这只是我的感觉，但我的这种感觉一直存在，我是认真的。"

"那么，你能帮助我吗？"他又问道。

西蒙顿夫人吸了一口雪茄，心里开始盘算：一个双腿截肢的杀人犯？这种说法太惊人了。但比起海瑟，蕾切尔倒是更接近杀人犯。然而说到搜查……一旦轻举妄动，也许就会遭受损失，至少，休伯特·斯廷森很可能会停止捐献。可是身为院长，她的职责不仅在于保障蕾切尔的合法权益，更在于保障所有病人的安全。

犹豫了许久，西蒙顿夫人下定了决心："好，我可以帮你，但我有个条件。"

西蒙顿夫人告诉佩特里，他必须要当着她的面请求蕾切尔同意，如果蕾切尔拒绝，搜查就必须停止。但如果她的反应像平常一样，怒气冲冲或者一言不发，就同意检查她的房间。

佩特里自然明白其中含义，他咧嘴笑笑："好的。我们现在就去。"

进入到蕾切尔的房间后，佩特里就搜查的事情，询问她的意见。蕾切尔一言不发，但是，眼神中却流露出了一种仇视的情绪。

与其他病人相比，蕾切尔的物品少之又少，没有照片，没有祝福卡，连家庭纪念品也没有。佩特里将她书桌、柜子里的东西查了一个遍，连床垫和床下都查了，仍然一无所获。

佩特里有些失望，他走进了浴室，仔细查看了一圈，还是什么都没查到。直到他看到浴室里的那两把一模一样的牙刷，和两支一模一样的牙膏，忽然想到了一件事。他转身问西蒙顿夫人："该怎么分辨她和她室友的物品呢？"

西蒙顿夫人回答道："我也没什么办法，只能看上面的名牌……"西蒙顿夫人停了下来，因为她脑中也闪过了和佩特里一样的猜测。和蕾切尔同屋的是卡罗尔，为了防止她走失，她连睡觉都被绑在床上，根本不可能半夜杀人。而因为阿尔茨海默症，卡罗尔的脑子早已经糊涂了，所以即使有人在她的物品里隐藏了什么，她也不可能发现，更不可能举报。

他们默契地走到了房间的另一边，照例检查了床头桌和床下，摸了摸床单，并查了查床垫，都毫无疑点。他们又走到书桌旁，把所有衣服都从抽屉里拿出来逐层检查，就在翻到最底下的时候，佩特里突然喊道："上帝啊！"

西蒙顿夫人吓了一跳："怎么了？"

"你看！"佩特里用双手拿起放在抽屉左边的衣服。那底下分明放着一块皱巴巴的正方形棕色麻布，上面还留有黏胶，同时被发现的，还有两只白色塑料手套。

42.佩特里的请求

"所以，他认定了蕾切尔是犯罪嫌疑人？"听完他们的搜查过程，我这样问西蒙顿夫人。

她将烟灰弹进烟灰缸："我不敢说他是不是认定了蕾切尔，但是我知道的是，他要想证明这一点，恐怕会很困难。"

我想了想："最大的难点，大概在于蕾切尔不会承认，不仅如此，她连话都很可能不会说的。"

"所以，他下午说要去找科尔医生，因为蕾切尔的资料里有一份心理报告，上面显示她在8年前做过一次心理咨询，医生正是科尔。"

这听起来未免有些太凑巧，但仔细想想，作为新华沙唯一拥有私人心理诊所的医生，科尔遇到蕾切尔，似乎又成了种必然。

"不如你和我一起在这里等等消息，你也是心理医生，或许可以帮我们分析一下。"西蒙顿夫人提议道。我自然很乐意，因为我也是真的很感兴趣，佩特里会从科尔医生那里得到什么样的答案。

接近五点钟的时候，佩特里回来了。对于我的旁听，他并没有提出意见，大概他知道，即使他不说，我从科尔医生那里也可能打探出什么。

虽然，距离给蕾切尔做心理治疗过去很多年，而且他们只见过一次面，科尔医生却对蕾切尔印象深刻。原因很简单，因为她的身体里仿佛充满了仇恨。

"仇恨？"佩特里不解地问科尔医生。

"是的。她应该是我见过的最面目可憎的人了。我通常不大会记得一位只在几年前见过一面、并且只咨询过一个小时的病人，但我记得她。她心里充满了仇恨，仇恨已经控制了她所有的思想和感觉。"

"那她是精神失常了吗？"

"这个问题可不好回答。在和我说话时，蕾切尔看起来思维很有条理，她很清楚自己在哪里，也知道当时的年月和日期。她有能力照顾自己，而且还能制订计划，并做出符合逻辑的决定。"

"这么说来，如果她犯了罪，是不是有能力在事前充分预谋，在事后掩饰遮盖？"

"很有可能。但这不代表，她就没有精神失常。浸泡在仇恨中的生活是可怕的，尤其是像蕾切尔那样，整个人被仇恨消耗着，人格会被仇恨完全控制。我认为，这种情况已经可以算精神失常了。"

当情绪脱离现实，情绪也就拥有了自己的生命。这种状态下的蕾切尔,仇恨在她身上已经不再是理性的了,换句话说,仇恨不再是遭遇侮辱时的合理反应,她无法控制仇恨,反而让仇恨控制了她。

"你觉得,蕾切尔会因为仇恨而杀了史蒂芬吗?"佩特里问。

科尔想了想:"她应该是恨着所有的人,所以,要说她恨史蒂芬的话,我也不觉得意外。可要说她格外恨他的话,我就不知道原因了。"

"一个人,为何会生活在仇恨中,这还真让人想不通。"

"大概因为她有一个残暴的灵魂。而且,她嫁了像她丈夫那种人,还过了那么多年,不怨恨是很难的。"

最后一句话,让佩特里心中一动,他催促科尔医生说出知道的一切。

"问题出在账单上,我把蕾切尔的账单寄过去后,很快就接到了她丈夫斯廷森的电话。他在电话里要求我提供报告副本,我告诉他这是病人隐私,可他说支付诊费的是他,所以这报告也是属于他的。我们为这件事吵起来了,我拒绝了他的要求。后来,虽然他在一周内就付了款,但这件事却让我感觉很糟。在我的印象里,他是个控制欲极强的人,坦白地说,经过那次短暂的互动,我发现自己已经非常讨厌他了。"

"可蕾切尔却和他生活了那么多年,这可真奇怪。"

"其实,从精神病学的领域来讲,'人以群分'是很有道理的。"

"通常,精神健康的人会与精神健康的人结合,而不健康的人往往也会与不健康的人结合。嫁给斯廷森这样的人，会让一个普通人变得可憎。当然，这不代表是斯廷森把他妻子变成了这样。"

而关于蕾切尔被送去威罗·格伦，科尔医生提出了不同的见解。他见过她，知道她是个意志力很强的女性，如果她不想待在威罗·格伦，没人能勉强她。而更大的可能是，8年前蕾切尔夫妇的婚姻走到了一个拐点上。那时，他们既没法在一起继续生活下去，也没法彻底分开。这时，去威罗·格伦就成了一个折中的办法。这样既可以给他们一些空间，让他们不必再生活在一起，又可以让他们有机会在每周六晚上继续争吵。

佩特里忍不住笑了："难道他们都很喜欢争吵？"

科尔却一脸严肃："是的，甚至是依赖。这很病态，是不是？"

这是个让人困惑的说法。但换个角度来看，它却出奇地符合逻辑。

不过，佩特里此行的目的，并不只是为了向科尔医生咨询，他还想要获得对方的另一重帮助。

他神情郑重地对科尔说道："我需要蕾切尔说出她的作案动机，但是你也知道，她几乎什么都不说。但我想，你应该可以让她开口。当然，我首先会去找局长，请求他允许我正式对她进行讯问。如果你愿意的话，我希望询问时你能在场，可以吗？"

佩特里的措辞十分有礼，态度也非常恳切，科尔考虑了很久，然后笑着说："太凑巧了，我明早八点的病人刚好取消了预约。"

佩特里满脸喜悦:"那明天一早,我们在威罗·格伦见面?"

"好的,我会在八点准时赶到。"科尔回答,不过,他继而嘱咐道,"还有一件事我需要提醒你,估计明天的谈话不会是件让人愉快的事,请做好遭受打击的准备。"

43.揭晓

看着一行人鱼贯而入，蕾切尔的神情一如往常。也许，从昨天下午看到警方在门口布控开始，她就已经准备好面对这一幕了。

佩特里一一为她介绍着众人，我默默环视了一圈，发现这间屋子里竟然已经站满了人——我、西蒙顿夫人、科尔医生、佩特里警探，以及米歇尔警员。米歇尔的手里拿着一台录音机，此刻已经摁下了录音键。

蕾切尔依然面无表情，不知是因为茫然，还是因为冷漠。

佩特里按照既定的步骤循序进行："我们现在怀疑你谋杀了史蒂芬·索拉里斯先生。你所说的一切都可能在法庭上对你不利，所以，你有权保持沉默。你还有权要求法律人士，也就是律师在场。你想让我帮你联系律师吗？"

沉默。

"你能说一下在案发时，也就是3月21号凌晨4点到6点之

43.揭晓

间,你都去过哪里吗?"

沉默。

"请问你认识死者,也就是史蒂芬·索拉里斯先生吗?"

虽然早有预料,但我依然感觉,佩特里好像是在和一堵墙说话。不知道面对这堵墙,科尔医生有没有什么魔法,对于这一点,我非常好奇。

"你和死者之间有什么关系吗?"

沉默。

"昨天,我在你室友柜底的抽屉里发现了两只手套和一卷麻布,请问是你把它们放在那里的吗?"

蕾切尔眨了眨眼睛,但也仅是如此。

佩特里准备换个话题:"你对你丈夫有什么感觉?昨天我查过你之前的记录,根据警方记录,在8年前的一个晚上,你打电话报警,并指控你丈夫殴打你。但警方在你身上找不到明显的伤痕,所以他们并未采取任何行动。然后过了不到一周,你丈夫就把你送到了威罗·格伦。请问,是你自己同意入院的吗?"

没有回答。

"你丈夫每周都会来探望你,你们每次都会吵架。很明显,你们的婚姻很有问题。你能告诉我们问题在哪儿吗?"佩特里用同情的口吻问道。

蕾切尔不为所动。

"蕾切尔,是你杀的史蒂芬·索拉里斯吗?你为什么要杀害他?"

蕾切尔怔怔地看着他，双眼迷茫，仿佛完全听不懂他的话。

能问的问题都问完了，不出所料，全部石沉大海。佩特里有些泄气，他转过头，无助地看向科尔医生。

科尔则闭上双眼，似乎为接下来的事情酝酿着情绪。然后，他张开口，用一种分外温和的语气说道："史蒂芬的身体严重瘫痪，在陌生人眼里，他可能有着丑陋的外表，但是在威罗·格伦，大家却对他十分包容。这里的人能透过他的外表，看到他伟大的智慧。他所传达出的，是一种伟大的人类意志。尽管他饱受折磨，但大家可以看到他的身上所展现出的善良与仁爱，还有他的关怀、他的亲切、他的精神。在他那瘫痪的身体之下，是如此多的优秀品质。他很美好，没人能比他更加美好。"

"闭嘴！"蕾切尔突然咆哮起来。

那是一种极端愤怒的嘶吼，仿佛爆炸冲击到墙壁一样。这突然之间的爆发，让我大吃一惊，甚至身体都跟着战栗了一下。

但科尔医生却像没听到一样，继续赞颂着史蒂芬："他如此美好，他饱受苦难，本来可以放弃的，他可以任由自己迟钝，但他选择了好好生活，也选择了爱。多么伟大的精神，这精神如此美好。"他的声音缓慢而庄重。

"你给我闭嘴！"蕾切尔开始尖叫，"他是个丑八怪，蜷缩着的可怜虫，活在大粪下的丑八怪。他连擦屁股都不会，他身上全是大粪，整个人都是。他就是个恶心的动物，从烂泥里爬出来的一坨烂骨头。"

"不，他是人。"即使是反驳，科尔依旧用着低吟似的音调，听起来就像是在唱催眠曲,"他是完完全全的人类,几乎比所有人都更像人类。他是个男人,一个真正的男人。"

"他怎么敢?"蕾切尔怒吼着,"这个愚蠢的蠕虫,他居然还做爱,他怎么敢奢求那种?他应该爬回烂泥里,那里才是他该待的地方!"

科尔医生却置若罔闻,他依然继续着自己的赞美:"他是男人的楷模,也是女人的楷模,是所有人的楷模。"

"他就该去死。我再也忍受不了了,再也忍受不了!"

"所以你杀了他,是不是?你觉得他冒犯了你,所以你刺死了他,是不是?"

仿佛只在一瞬间,燃烧在蕾切尔眼中的熊熊之火就变成了狡黠,继而又变成麻木。她看似茫然地看着他们,嘴里不再说一句话。

科尔医生猛地睁开了双眼,他看着佩特里:"很抱歉。我太累了,只能做这么多了。"听声音,他确实相当疲惫。

"足够了。"佩特里答道,然后站起身来,"蕾切尔,虽然还缺少例行手续,但你很可能会因为涉嫌谋杀史蒂芬而被捕。我们会继续在你门口布控,从现在开始,你不能离开自己的房间,任何类似行为都会进一步对你不利。请问你明白吗?"

再熟悉不过的沉默。

从蕾切尔的房间出来后,我们一路无言,拖着沉重的脚步走向管理中心。我们看起来一点都不像刚刚获胜的士兵,反而更像精疲力竭的散兵残部,连步子都是迟缓的。在坐进西蒙顿夫人的办公室后，大家沉默地看着她准备咖啡。

还是佩特里率先打破了沉默："警方一般不太注重心理学，但我现在已经改主意了。至少对你，史塔斯。"他直接称呼了科尔医生的名字，看来，他已经把对方视为了并肩战斗过的人，情感上亲近了很多。"上帝啊，这太了不起了。"佩特里感慨道。

对于这样的称赞，科尔却有些异议："我是让她开口了，可还不到90秒钟。"

科尔为什么能让蕾切尔说话？当看到蕾切尔漠视一切的样子时，他意识到了一件事——只有挑衅，才能让她开口。他猜想，史蒂芬一定是无意中挑衅到了她，比如通过某种无言的方式，让她感觉自己受到了冒犯，以致招来了杀身之祸。想让蕾切尔开口，他就必须重复这种冒犯。

佩特里说道："已经足够了。当然，这还不算认罪，但她终究会认罪的。只是，我从未见过这种仇恨，这是赤裸裸的仇恨。就像科尔医生说的，她张口才一分多钟，我却永远也不会忘。我甚至都没想到过，世界上还存在着这样的仇恨。"

我想起了科尔医生之前的提示，果然，这不是一次愉快的经历。尽管每个心理医生都会遇到一些极端的病人，但是这种程度的情况其实很罕见。

"她为什么会这样？"

"这是关于罪恶的问题，汤姆。"不知不觉，科尔也叫起了对方的名字，"这很难解释，因为罪恶总是被隐藏着的。"

科尔医生的话，让我想起在精神治疗领域的一个说法：**我们**

43.揭晓

是病态的，就像我们的秘密。

在人们身上，罪恶是最病态的部分，因为有关它的一切都是秘密。换个角度说，犯下罪恶之人是所有人中最恶心的，因为他们的浑身也都是秘密。人们之所以会接受心理治疗，为的是向心理医生展示自己的内心世界，这样我们才能明白事情的原委。可能是因为不希望暴露自我，罪恶的人是不会接受心理治疗的，所以我们也就看不见他们的内心世界，当然更不会明白他们为什么会作恶。

"她还说史蒂芬有性生活，你觉得她看见他们做爱了吗？"佩特里问道。

"有这个可能。既然乔治娅能看到，那么也不排除蕾切尔在某个夜晚也看到了同样的场景，"科尔医生点点头，然后站了起来，"现在，我要回诊所了，我在9点半还约了病人。"

西蒙顿夫人也起身道别："史塔斯，我们总是匆匆忙忙地为病人忙活，最近的事情也真是跌宕起伏，我需要一个拥抱，来，在离开之前，给我个拥抱吧。"

他们的拥抱非常简单，但绝不敷衍。我默默看着这一幕，暗自猜测，他们之前应该并肩战斗过很多次。他们之间的情谊，如此默默无声，却又让人动容。这真是受益良多的一天，无论是在心理治疗的能力上，还是在与朋友的情谊上，科尔医生都给我上了绝佳的一课。

科尔离开后，佩特里向西蒙顿夫人申请，在去通知蕾切尔的丈夫的时候，希望威罗·格伦可以派出代表。西蒙顿夫人看了看我：“文森特，你可以代表我们去，你是心理医生，又目睹了今天发生的一切，你最适合不过。"

佩特里点点头，随即他也站了起来："我们也该走了。我需要尽快向局长汇报，还要去找一趟蕾切尔的丈夫，该了结的事实在是太多了。"

"说到了结，"西蒙顿夫人似乎想起了什么，"现在我是不是能告诉海瑟，她的嫌疑已经被排除了？"

佩特里怔了一下："当然了。"他答道，"感谢你提醒我。要不是急着向局长汇报，我本该亲自去对她说的。"

然而，看他的表情，我却觉得，他是完全没有想过要去通知海瑟。

44.斯廷森的周旋

从形式上看,斯廷森早已经退休了。不过在他创建的房地产公司里,人们依然为他保留了一间办公室,并布置得十分考究,这便是权力的象征。

在提出要面谈时,对方把地点就定在了这间办公室。

一见面,斯廷森先生就显得很健谈:"我必须要说,听说警方要见我,这让我感到非常意外。在过往82年里,在我身上还从没发生过这种事。我觉得这很突然,我能为你们做些什么呢?"

眼前的这位老人精力旺盛,且姿态优雅,不过我觉得对方有些健忘,或者说,是故作健忘。因为在8年前的那个晚上,警员就曾去过他家里,当时蕾切尔指控他殴打了她,所以这绝不是他第一次和警察打交道。

"恐怕,我今天带来了一个坏消息。"佩特里告诉他,"你的妻子已经被警方拘捕,因为她涉嫌谋杀了住在威罗·格伦的另一位病人。"

对面老人的脸一下涨得血红："为什么？这不可能！我妻子是个坐轮椅的病人，一定是你们搞错了。"

"不，我确信我们没有搞错。"佩特里语气坚定，"她很强壮，具备专业知识，有机会作案，而且性情暴躁。我们还在她房间里找到了作案工具，并且就在今天早晨，她亲口承认自己非常仇恨死者。"

"你们到底是怎么回事？"血红的颜色满布到了斯廷森的颈部，他怒视着我，"她应该已经被控制了吧？都是你们的错，我要起诉你们，我现在就联系我的律师。"

顷刻之间，优雅便荡然无存，佩特里和我看着他，一言不发。

看到震慑不住，斯廷森先生改变了策略，将矛头从护理院掉转到警方："警探先生，我肯定是你们搞错了，做出错误指控是不负责任的。我警告你，我是不会坐视不理的，直到讨到公道为止。"

"警方的确有可能犯错。"佩特里不急不缓地说，"所以我们才会有司法程序，到现在为止，你妻子还只是被拘捕。不过，法官已经看过了证据，并进行了独立评估。他认为现有的证据，已经足够采取行动了。当然，在审判结束之前，你妻子仍然不会被定罪。"

"审判？不能有什么审判！"

"为什么不能有？"

44.斯廷森的周旋

斯廷森先生没有直接回答，他的神情恢复了之前的狡黠与镇定："如果我的妻子接受审判，并且被认定有罪。那么，接下来会在她身上发生些什么呢？"

我告诉他："介于她的年龄和心理状况，我想她很可能会被关押到犯罪精神病医院。"

"既然如此，为什么不直接把她送到那种医院呢？那样就不用预先经过审判了。"

对话到了这里，我发现了一件事——在这个男人心里，他的妻子只是一件能被挪来挪去的物品，他对她完全不关心。我答道："的确可以那样，事实上，我们正打算这样做呢，因为她已经不适合再住在威罗·格伦了。然而，审判还是必需的过程。"

"为什么？"

"想要认定为犯罪精神病人的话，就必须先认定她有罪，至少也要认定她没有上庭受审的能力。这种认定需要由法官做出，并依照法律程序进行一定程度的公开。"

"不可以审判，我不允许。这种乱七八糟的丑闻绝不能出现在报纸上。"斯廷森先生的态度异常强硬。

"任何事件都可能出现在报纸上。每隔24小时，报社方面就会对警方的拘捕记录进行回顾。只要他们愿意，可以报道任何事件。无可避免地，他们一定会报道谋杀犯被拘捕的事，而且你该知道，他们对于发生在威罗·格伦的这宗案子都特别感兴趣。"

"你的意思是，我妻子的名字很可能会出现在明天的报纸上？"

"是的。"

突然之间，斯廷森先生换了副讨好的口气："很抱歉，我并不想冒犯你们，只是这事太让我难受了。你们可以想办法让报社不知道这件事，这当然行得通，是不是？如果可以的话，我也保证能想出些办法，让你们最终受益。"

他竟然想贿赂我们，这位老人的狡诈和无耻，此刻算是发挥得淋漓尽致。

"这并不是我们能控制的事。所以，我们不能答应你。"佩特里说。

不到一秒钟，对方脸上的讨好表情就消失得无影无踪，就像它来时一样容易。"这样说来，一定能有人能控制这件事。你希望我给你上司打电话吗？在这个镇上，所有有影响力的人都是我的朋友。"

眼前这个男人身上有着一种想让人尽快摆脱的东西。佩特里冷笑了一下："你可以做任何你想做的事，只要不违反法律。"然后他站起身，我也马上起身告辞，庆幸自己再不用和这种人浪费时间。

45.三个梦境

大概是因为即将结案的原因，在返回威罗·格伦的途中，佩特里显得格外轻松。

"心理学真的很神奇，以前我不相信这一套，但现在，我觉得你们很了不起。"他对我表达着对于心理学的感触。

"我只是个实习心理医生，还不能做到科尔医生那样。"我老实承认。

"不过，我还是觉得有些不可思议，蕾切尔和史蒂芬连话都没有说过，她为什么会那么恨对方？"

蕾切尔为什么要杀死史蒂芬，我想很多人都和佩特里一样，觉得难以理解。然而仔细想想，一切又都无比合理。

一个人如果可以和极尽伪善的人生活多年，却没有选择分道扬镳，那么只能说明，她和对方在某个方面高度契合。这契合或许是一开始就存在的，也可能是日久天长后的同化，但毋庸置疑的是，她的认知必然已经变得扭曲。这从她之前那次蹊跷的报案就能看出端倪，明明是她伤害了别人，她却在电话中坚称受伤的是自己。可见，她不仅认知扭曲，而且习惯了将自己放在受害者的位置，将此作为仇视别人的充分理由。

陀思妥耶夫斯基在他的作品中描写过一名教员，这名教员得了肺病，为了发泄心中的愤恨，他故意向学生的面包里吐口沫，并因为自己能把那些面包捏得粉碎而狂喜。他不能原谅别人拥有幸福，他必须找出一种方式，把他人的快乐踩到脚下。蕾切尔的心态与之相比，可谓更加极端，她干脆亲手毁掉让她忌妒到仇恨的那个人，在威罗·格伦，这个人就是史蒂芬。

从残疾的程度上说，史蒂芬比蕾切尔严重得多，然而，他却温和善良而富有力量，心中全无仇恨，这让人们对他格外喜爱。而这些都让蕾切尔感到无法忍受，她不能忍受一个人拥有美好的品格，也不能忍受人们对这些品格予以称赞。当一个人一生与伪善之人为伍，并被之浸透后，反而不能容忍真正的善良存在，这是莫大的讽刺。

而让蕾切尔最不能忍受的，恐怕就是海瑟与史蒂芬的关系，她在看到他们亲热的场景后，内心的仇恨到了高峰。我想，这恨意应该是复杂的，既有对自己和丈夫多年交恶的联想，又有对性爱求之不得的忌恨，还有对于美好事物的仇视。

于是她拿起剪刀，用她熟练的专业技能，结束了史蒂芬的生命。似乎只有毁掉这个勾起她内心种种恶意的男人，她的世界才能恢复正常。

每个人都以为自己在维持着世界的秩序，却从来不审视自己

45.三个梦境

的世界是否是扭曲的。

我把这些想法告诉了佩特里,他沉默了一会儿,眉头微微皱起,看样子是在想着什么重大的问题:"我现在必须承认,心理学是门伟大的学问,科尔医生和你让我彻底信服了这一点。"

"文森特,你会不会分析梦境?"又过了一会儿,他突然开口道。

"释梦吗?的确学过一些。怎么,你需要释梦?"我有些半开玩笑地说。

"事实上,确实是我,自从来到新华沙,我总会重复做着同一个梦,这个梦让我非常难过,可我却不知道它意味着什么。"

第一个梦,出现在佩特里刚为租住的公寓刷完墙壁的那晚。这间公寓是佩特里精心挑选的,它离警局只有四条街,居住环境也很不错,他很喜欢这间公寓——除了客厅墙壁上那几处模糊的污点,还有天花板上那一小片霉斑。当他向房东要求重新粉刷房间时,房东看他的目光好像在看一个疯子,好在在据理力争后,房东同意买来一些油漆,但佩特里需要自己动手粉刷。

于是,他花了整个周六粉刷房间,直到傍晚才忙完。完工之后,看着雪白锃亮的墙壁,他顿时觉得神清气爽。这真是最让人高兴的事,在这一天里,他亲手把世界上的某个地方变得干净整洁。他觉得,是时候让自己好好休息一下了,于是心满意足地上了床。然而正是这一睡,却使他陷入了可怕的梦魇。

刚开始时,这个梦还十分普通。他梦到自己刚刚完成粉刷工作,并把油漆桶盖好,然后来到水槽边清洗刷子。这时,他突然发现，对面墙上还有一小块污渍。自己怎么会遗漏了呢？他有些惊讶地想。于是他又去打开油漆桶，蘸了些油漆，又认真地刷了一遍，之后重新盖好油漆桶。但就在他起身后，却发现那块污渍又出现了。他只好又粉刷了一遍，并且在刷完后，特意后退了几步，确认污渍已经完全被盖上了。可就在他盖好油漆桶后，刚刚直起腰，意想不到的事情发生了，那块污渍居然又出现了，而且似乎还在变大！

他跑过去认真查看着。发现这块污渍呈现出一种很深的绿色，并且闪着微光，就像是一小块黏液。就在他的注视下，这块污渍开始扩大，越变越大，而且形状也从最开始的圆形，变得不断向下扩张、拉长——仿佛是从墙上的小洞里流出来的一样。

佩特里觉得自己要疯了，他四顾张望着，极力想找到污渍的源头。这时，一柄撬棍突然出现在他的手里，这很诡异，但他想都没想，就用力向着墙面砸去。很快，石膏板被打穿了，可那坨黏液还是不断地往外流。他开始疯狂地拆着夹层的板子，隔层挡板露出来了，黏液从隔层继续往外渗着。他告诉自己，必须找到源头，于是，所有木板都被拆下来了。他站在一堆废墟中，不断撕扯着隔层材料。但那源头却找不到，他找不到，无论如何努力，就是找不到。

当他知道海瑟和史蒂芬发生了关系的当晚，这个梦又出现了。

污渍又在新粉刷的客厅墙壁上蔓延着；那团深绿色黏液一次次出现，还是那样肮脏；一根撬棍又出现在他手里，于是他击穿了石膏板；脏东西从隔层里往外流着，他还是找不到源头。

而就在昨天晚上，他再一次噩梦重现。

前半段梦的内容依然如故。只是这一次，他在梦中终于击穿了墙壁，这是以前梦中没有出现过的。他趁机把洞口不断弄大，一直大到足以让他跨进隔壁的房间。

那是个很小的房间，地板上铺着老旧的油地毡，上面沾满了污渍。房间里几乎空无一物，除了一个小小的旧式浴缸，浴缸立在肮脏的地毡上，支撑它的是四只短小而肮脏的足。

看到那个浴缸，他再度惊醒。

"我为什么会做这种梦，我真想不通。"他一边开车，一边念叨着。

然而在我看来，佩特里做这种梦，却是非常正常的，他那过于规整的警服、一尘不染的皮鞋，还有对于整齐和规矩的热爱，是他的特点，但同时，也反映出了他的软肋。

"佩特里，你是不是有洁癖，无论是身体上的，还是精神上的？"

他想了想，然后答道："我不知道那是不是洁癖，但是，我确实不能忍受肮脏的东西，无论是身体上的，还是精神上的。"

"能不能告诉我，你做过这三个梦后的感受，都是怎么样的？"

他沉默了很久，似乎是在回忆梦境带给自己的感受，然后，他告诉我：

第一个梦后，他是在自己的喊叫声中醒来的。看到闹钟上的时间，他意识到自己只是做了个噩梦，但他的心中充斥的恐惧、愤怒和挫败感，却如此真实，仿佛变脏的不只是梦中的墙壁，而是他自己和整个世界——一切都被不可救药地玷污了。

第二个梦后，他依然是在深夜中惊醒，汗流浃背，心中的感觉和第一次如出一辙，愤怒、羞耻、恐惧和挫败交织纠缠。

第三个梦——也就是他看到那个浴缸的梦。醒来后，他看着黑暗的房间，心中却再没有了暴怒，也没有恐惧，剩下的只是羞耻感，并夹杂着一种很不寻常的、深深的悲伤。

我试着分析他的梦境，很明显的是，佩特里对于肮脏的事物无法容忍，他会因此愤怒和恐惧，并且有一种人生将被摧毁的挫败感。如果我没有想错，他之前那么厌恶海瑟，急于将她定罪，除了破案的压力外，很可能还因为，在他心中，海瑟和史蒂芬的事情是肮脏的。他要摧毁海瑟，就像他在梦中想要拆掉那堵墙一样。

"你好像不太喜欢海瑟，我想知道，是因为你觉得她杀了人，还是因为她和史蒂芬有亲密关系。"我问他。

佩特里显得很意外："我真是搞不懂你们这些心理医生的想法，你为什么会想到海瑟？不过现在犯罪嫌疑人已经确定了，我跟你说说也无妨。仔细想想看，我不喜欢她，确实和她与史蒂芬的关系有关，一个美丽年轻的女护士，用自己身体的某个部位去和一个残疾人亲热，这让我觉得她很肮脏。"

海瑟和史蒂芬发生关系，固然超出很多人的认知，却断然说不上是肮脏的。人们或许会惊讶，会不解，会怀疑其中有什么隐情，却不会将"肮脏"作为最重要的感受。佩特里对于海瑟的这种感受，很可能是出于他自己的原因。

我想起他最后一个梦后的感受，那感受明显和之前两次不一样。很显然，梦里房间里的那个旧浴缸，牵动了他的羞耻和悲伤。

"佩特里，在你过去的人生里，有没有什么事情，是让你感到格外羞耻的，羞耻到你连提都不愿提起。"

佩特里的眼神游移了一下，然后告诉我："没有，我不记得有过这样的事。"

46.问题的答案

回到威罗·格伦后,我先去找西蒙顿夫人说了与斯廷森先生的对话,然后去看望了格瑞丝夫人。

她告诉我了一件事,让我感到十分有趣——汉克来找过他。

"我能和你说说话吗?"汉克搓着手,站在门口问她。

"可以啊,我听人们说起过你,不过,我还没能和你聊过天。"

"我也总听人们说起你,要知道,人们说起你时都是些好话,不像我,人们总是讨厌我。所以我想问问你,怎么才能做个让人喜欢的人?"

格瑞丝夫人笑了:"这并不难,之前人们不喜欢你,大概是因为你太害羞了吧,你为什么不让大家看看真实的你呢?"

"太害羞了……"汉克重复着这句话,好像在说着很重要的咒语。我能明白汉克心中的感受,以往人们都是骂他不知羞耻,而格瑞丝夫人却是第一个说他害羞的人,听到这样的话,汉克心

46.问题的答案

中必然是震动的。

"你不会觉得我是个胆小的人吧?"汉克问道。

"胆小吗?我想在不了解你之前,我不能给你下断言。不如你可以和我多说一些你的事,我才能帮到你。"

"我,我也不知道从何说起,人们总说我没风度。我之前想靠手杖来让自己有些风度,但是看来不管用,文森特医生建议我扔掉手杖,我现在已经不用它了,但是对于风度,我还是不在行。"

"不用着急,如果你学会尊重对方,自然就会拥有风度了。我觉得所有的风度,都是用一种尊重的态度去对待别人。你要尊重他人身体的完整,尊重他们的隐私,也尊重他们说'不'的权利。不过除了这些以外,你还要尊重他们的人格,尊重他们的幽默和智慧,还有他们的历史,也就是经历。"

"要知道,在我心里,一直很尊重你的。"汉克说完这句话后,脸上有些泛红,"只不过,你说的尊重,听起来很难啊,我不知道自己能不能做到。"

"没有人会喜欢一个懒惰的男人。另外,许多人都会觉得,做这些事情本身就是种乐趣。"

"我以前从没做过,我总是很自私,从小就没人教过我礼貌。"

"没有吗?"

"没有,我是在贫民窟长大的——在克利夫兰西边,在面粉厂附近。还有,就像你说的,我很害羞。你知道吗?你是第一个对我说我很害羞的人，但我觉得你说得很对。"

"不，我倒觉得，你现在已经变得有风度起来了。"

汉克显得很兴奋："真的吗？"

"是的，你已经开始用一种得体的方式让别人了解你了，不如你再多说些吧。"在格瑞丝夫人看来，汉克很聪明，而且本性真诚。

"嗯，我其实从没想过有什么可说的。要知道，我们爱尔兰孩子总是和波兰孩子打架。相对年龄来说，我身材矮小。我记得有一次，当时……"

他们这么聊了许久，然后汉克礼貌地向她表示了感谢，告别离开，自始至终都没有踏进房门半步，和他之前的样子截然不同。

我想，汉克是真的在改变着。不知为什么，从史蒂芬去世后，护理院里的很多人都发生了变化，佩吉学会了思考，乔治娅渐渐找回了自我，汉克决定做个真正的绅士，连佩特里都开始讲出自己的梦境，虽然这些都并非是史蒂芬的本意，但却成了他留给威罗·格伦的余波。

除了汉克的造访，格瑞丝夫人还告诉了我一件事。麦克娅今天也来找过她，说以往是为了方便计算人数，所以才让格瑞丝夫人房内的床空着，而今史蒂芬死了，不用再考虑他的名额，所以，格瑞丝夫人有必要拥有一个新室友。

不愧是麦克娅，在所有人都为蕾切尔杀人而震惊时，她却认为最重要的事情是重新规划 C 楼的房间。

46.问题的答案

"你知道吗？在确定是蕾切尔之前，我一直觉得是麦克娅杀了史蒂芬，因为她总是很冷酷，而且还很擅长用笑容伪装自己，这样的人很危险。"

"那你答应她了吗？关于新室友的事。"

"我不会违反规定，因为那样会让西蒙顿夫人为难，她是我重要的朋友。不过，我问了麦克娅一个问题，结果，她没等我回答室友的事就走了。"

"什么问题？"我对此很好奇。

"我问她，都是去哪里解决自己的欲望。她是个年轻的女孩，她一定需要性来排解。"

"我猜她不会告诉你的。"我的脑中浮现出那个装着鞭子的皮箱。

"是的，她质问我为什么这么问，我直接告诉她，我一度怀疑她是嫌疑人，尽管后来证明是蕾切尔干的，但是她同样让人担心，因为她的身上，有些东西和蕾切尔有相似之处。"

"她应该很生气你这么说。"

格瑞丝夫人笑了："是很生气，她说，我的话是大脑损伤式的废话，我知道，她是在讥笑我的病，但是我不在乎。我告诉她，如果她不愿意从威罗·格伦辞职，最好能寻求帮助，比如和你或者科尔医生谈谈。然后，她就走了。"

我想，麦克娅离开时一定心情极其恶劣，她不会想到，会有病人如此"不合规矩"地和自己说话，而且更不会想到的是，对方说得如此精准，句句切中她的要害。

47.消失的方式

案子终于破了,我也觉得,是时候休息一下了。

第二天,我申请了在家休假。正在睡懒觉的时候,忽然被一阵电话铃声惊醒,电话那头是西蒙顿夫人:"我觉得你应该会想知道的,休伯特·斯廷森他死了。"

"你说什么?"我顿时清醒了大半。

"是佩特里告诉我的,休伯特·斯廷森——就是蕾切尔的丈夫现在在医院,已经死了。"

"他是怎么死的?是自杀吗?"

"细节我也不是很清楚。听佩特里说,女佣进来打扫时,就发现他躺在楼梯口。他头上有一大块瘀伤,看起来像是个意外。"

"那蕾切尔呢,她知道了吗?"

"我还没有告诉她,准确说,我还不知道怎么告诉她。"

我想了想:"我马上过去,佩特里在吗,我想他应该知道是怎么回事。"

47.消失的方式

休伯特·斯廷森的伤在左边太阳穴的位置，那里有一大块青肿的瘀伤，法医认为，这很可能是硬膜外血肿。

法医告诉佩特里："很明显，他是从家里的楼梯上跌下来的，然后撞到了头部。房门是锁着的，女佣用自己的钥匙开了门，然后发现他就躺在楼梯口。他的头部呈非凹性骨折，没有发现楼梯外的其他物品撞击过的迹象，颅骨断口的边沿戳穿了静脉，从而引起硬膜外血肿。他很可能因撞击而导致昏迷，接着血肿导致颅压升高，继而引发死亡。据推测，他跌落的时间很可能是在晚上，而死亡时间则在凌晨两点或两点半左右。"

虽然很不喜欢休伯特·斯廷森，但是佩特里说，他还是感到了一阵怅然，就在昨天，这位老人还因为恼怒而涨红了脸，百般和来访者周旋，今天，他就已经面色青灰，变成了一具尸体。

"法医说，他血液里的酒精浓度高达2.2，这数据听起来可能没那么吓人，可对于一位82岁高龄的老人来说，真的已经很高了。看来，他死的时候应该处于喝醉了的状态。"他补充道。

"所以呢？"我问。

佩特里继续说道："不管法医怎么说，我都觉得那不是纯粹的意外。他很可能是因为喝得太醉，才会从楼梯上跌下去。可他为什么要喝那么多酒呢？是要麻痹自己，让自己忘了马上要被曝光的恐惧吗？还是说，他真的害怕到想要死？"

当被生活逼到墙角而无处可去时，很多人都会选择死去。可能有时候，人们本来就很难把自杀和意外死亡分开。

"我现在，有些相信你们之前说的了，就是很多病人会等到海瑟值班时才去世。有时候，自然死亡确实也是人们选择的结果。"他长舒了一口气。

的确，生活会消磨一个人，我们都会努力，最后我们也都要准备离开，在某一时刻，我们都可能更想去死，而不是活着。这种时刻，就是选择的时刻。虽然斯廷森先生明显具有极强的求生欲，但是在某些关键时刻，生命会以非常激烈和快速的方式消磨殆尽。斯廷森先生的情况，很可能就是这样，他突然间就被生活推入了某种绝境，于是就在昨天晚上，死神突然扼住了他的喉咙。

"你准备今天就告诉蕾切尔吗？"我问他。

说到这个话题，佩特里的表情变得严肃起来，他点点头："现在，我需要把这消息告诉蕾切尔，希望你们能和我一起去。"

我们一边从西蒙顿夫人的办公室向C楼走去，一边继续着刚才的话题。

"你觉得她会感到解脱吗？如果我是她的话，听到自己可以摆脱那种男人，一定会感到解脱。"佩特里问我。

"有些人确实会在配偶去世时感到解脱，因为这让他们摆脱了可怕的婚姻，有了重新生活的机会。可对于另一些人来说，他们却能在糟糕的婚姻中茁壮生存。"

"嫁给了那种男人，怎么可能茁壮生存呢？"

我想了想，然后答道："或许有些最恶劣的婚姻，反而异常稳固，夫妻俩在心理层面上非常匹配，就像手掌和手套。"

我想，蕾切尔和她丈夫可能就属于这种婚姻，他们每天都有

47.消失的方式

可能杀了彼此，但是就算外人用撬棍，也没法把他们撬开。

很快，就到了蕾切尔的病房，卡罗尔早就被转到其他病房了，因此，蕾切尔现在是一个人独占一间病房。我们先是向执勤人员点了点头，然后进入了房间。蕾切尔正坐在轮椅上，像以往一样一动不动。

"我带来了个坏消息，"西蒙顿夫人语气平和地说道，似乎还带着些同情，"你丈夫昨天晚上去世了。他从家里的楼梯上跌下来了，头部受了伤。不过，根据法医的说法，他马上就被撞晕了，所以应该没受什么痛苦。"

我本以为，蕾切尔不会有什么反应。可意外的是，蕾切尔用怨毒的口气说："你在撒谎。真不知道你为什么要撒谎，可你就是在撒谎。他没死！"

"他真的已经死了，蕾切尔。"

"不，他没死，没死！这坨大便会在周六晚上到这儿见我。他每周六晚上都会来见我。"

看到西蒙顿夫人无奈的样子，我也出声证明："他死了，蕾切尔，他以后都不会来了。"

"不，他会来。他不敢不滚来。我了解他。他肯定会来。"

这时，佩特里微微俯下身，对她说："斯廷森夫人，你可能还记得，我是警方的人。昨天下午，我和你丈夫谈过话，当时他还活着。今天早上，我又在医院里见到他，可他已经死了。晚些时候，我还要去验尸房查看他的尸体。我知道这消息你很难接受，可是斯廷森夫人，我向你保证，你丈夫已经死了。他死了。"

"滚出去，你们是三个杂种，三个骗子！"蕾切尔开始尖叫，"滚出去，滚出去，滚出去！我要把你们的脑子掏出来！"

此情此景下，除了离开，我们也没别的选择。然而，我也有了一种感觉，我感觉自己受到了伤害，甚至是侵犯，这感受和之前听到蕾切尔咒骂史蒂芬的那回一样。看着佩特里和西蒙顿夫人的表情，也和那天一样阴沉，我想，他们应该也有着同样的感受吧。

"我想，我该走了，从早上一直忙到现在，感觉自己像是个陀螺，"佩特里自嘲着和我们告别，"我还有一些事要办，今天真是难熬的一天。"

看着佩特里的背影，西蒙顿夫人有些感慨："真是个有责任心的年轻人，现在看来，也懂得了随机应变，我真是越来越喜欢他了。不过，总感觉他的神经太紧绷了，好像有什么事，在催着他跑一样。"

48.交替

露西明天就要出院了,我和海瑟去帮她收拾东西,就像她来的时候一样。

"我明天一早先去犬舍接'皱纹',然后回家,之后再去为它找个收养的地方。我真高兴,乔治娅,我要回家了!"

乔治娅也很替她高兴,但神情似乎也带着一丝淡淡的伤感:"那真是太棒了,可我会想念你的,能和你做室友真好。"

"你完全不需要再有室友,你可以和我一起回家,然后我们一起去老年社区。"

"不了,露西。我需要留在这里。"乔治娅拒绝了露西的邀请,她的神情异常镇定,就像是从一场浑浊的梦中刚刚清醒般。

"为什么?你的身体明明很健康,并没有患衰退症。"露西感到很疑惑。

乔治娅笑着看了一眼我和海瑟:"因为,我很喜欢这里和这里的人,这里教会了我很多东西,我想留在这里继续学习,学习怎么拥有力量。"这时我发现，乔治娅桌子上的照片，已经从荡秋千的少女，换成了她家人的照片。

"力量？我不知道学习这个有什么用。"

"露西，你决定自己的生活比'皱纹'更重要；你还决定，要离开生活多年的家，搬到一个全新的地方，这些就是你的力量。你已经掌握了自己的生活，并用力量主宰了它。"

露西沉吟片刻，说："你说的这些，我不能完全理解，可是无论你想做什么，在老年社区也是可以的啊。"

乔治娅轻轻一笑："我想大家要走的路是不同的。你会在圣芭芭拉的音乐会上学到很多东西。可对我来说，至少是现在，需要学的东西就在这里。"

海瑟转过身，将一叠衣服放进箱子，然后问乔治娅："听说，格瑞丝夫人邀请了你去和她同住，你会答应吗？"

"我在考虑，去和她同住，我就没办法再住在靠窗的床，但是能和格瑞丝夫人住在一起，我确实也很期待。"

我心中一动，问乔治娅："我发现你们都很喜欢靠窗的床，能告诉我，那个位置有什么不一样吗？"

"我也说不出来，但总觉得躺在那里，似乎更靠近和外面世界的通道。你大概也知道，外面的人怎么看我们，他们觉得只要走进威罗·格伦的围墙，我们就和死人一样，但是只有咱们这些围墙里的人知道，这里是个多么有趣的地方。躺在靠窗的床上，不只是希望看看外面，或许也是希望外面的人能看到我们。"

"乔治娅，"露西看着乔治娅的眼睛，似乎很为她刚才的那一

48.交替

番话而感动，"我不敢说自己全然明白了你的意思，但是乔治娅，你确实比我们刚见面时显得更有力量。"

"谢谢你。去了圣芭芭拉以后，希望你能给我写信，好让我知道你过得怎么样。"

露西的眼中涌出了泪水："乔治娅，你知道我弯不了腰。你能不能从椅子上起来，给我个拥抱呢？"

乔治娅起身，她们拥抱在了一起。我想，这应该是她们很多年来得到的第一个拥抱，彼此皆然。

帮露西收拾好东西后，我们走向护士站，却遇到了脚步匆匆的西蒙顿夫人。

"你急着去处理什么事情吗？"我问她。

算起来，蕾切尔到威罗·格伦已经8年了，这是她第一次离开，却是要在警方的监视下，去出席自己丈夫的葬礼，她能否经受这一切，确实是个问题。

不管怎么说，都需要先和蕾切尔谈一谈再说。

"她现在怎么样了？"西蒙顿夫人问我和海瑟。

"我们不知道。我还没见到她，不过应该不太好。"海瑟回答道，"听夜班护士说，从昨晚七点时——也就是她丈夫原本该出现的时间——她就开始哀号'为什么他没来？'，每隔十五分钟左右，她就要哀号一次，问的都是同样的话，一直折腾到十点钟。然后她没有再闹过，护士或护工每隔两小时都会过去检查。她一直拒绝上床，也不说话，只是坐在轮椅上。一个半小时以前，佩吉过去送早餐给她，可她不肯吃，还把餐盘扣在佩吉身上，弄得她制服上全是，我正准备亲自过去看看。"

"听起来可不怎么好。"西蒙顿夫人无奈地叹口气，"既然这样，我们一起过去看看好了，反正我也得问问她对葬礼的意见。"

我们沿着走廊慢慢走去。来到门口时，我们先是向站在门外的巡逻警员点了点头，然后走进了门。我们看到，蕾切尔正坐在床边的轮椅上，背对着门口。西蒙顿夫人走过去，站在她的身旁，想要开口对她说话，突然，她的表情变得十分震惊。

"天啊，你们快来！"我和海瑟急忙跑到她们身边，却吃惊地发现，此刻的蕾切尔头向前垂着，顶在床沿上，全无昔日的健壮姿态，生命，已经从这个身体里抽离了。

她死了，毫无质疑地，蕾切尔·斯廷森已经死了。

49.佩特里的秘密

在办公室里,我一边吃着午餐,一边对佩特里开起了玩笑:"又有什么紧急案情,才会让你在午餐时间跑来找我,还说绝对不能在餐厅和我谈?"

佩特里却笑得很勉强:"我很抱歉,又占用了你一个午餐时间。我也许该一见面就跟你说清楚,我这次来不是为了警务,而是私事。"

我马上停止了玩笑,因为佩特里此刻已经把自己放到了病人的位置上,这是一个比警官更尊贵的位置。但我也知道,他这样做必然需要很多勇气。

"告诉我你怎么了。"我放下了手中的午餐,端正地坐好。

"还是我的梦,我想告诉你,我知道为什么梦里会出现浴缸了。在我很小的时候,在母亲生下我不久,我父亲就离开了,我甚至完全不记得他的样子。母亲没有再婚,甚至连约会也没有。她很溺爱我,而且,爱得太过分了,我想,我就是个代替品。"

"替代品？替代谁？你父亲吗？"

佩特里的脸忽然变得通红，他微微低下了头："我是在新泽西州的纽瓦克长大的。在我家那肮脏的小公寓里也有个浴缸，就和出现在我梦里的那个一样。小时候，我母亲喜欢给我洗澡，我说不清那是从我多小的时候开始的，好像是从我一记事就那样了。洗完澡后，她会给我擦身。然后，她会让我坐在浴缸的边沿，她就跪在地上，把我的阴茎含在她嘴里。她会吸吮，直到我勃起。"

"那对她的举动，你的感受怎么样？"

"我能记得，我很享受，简直是非常享受。尽管我也时常觉得母亲这样做不合适，但我又很期待那件事。直到有天晚上，那应该是我11岁或者12岁的时候吧，我又被她含在嘴里，而且第一次体验到高潮。我对发生了什么有些懵懂，一方面，那种感觉很妙，但另一方面，我却更多地感到了恶心和恐惧。那是我们最后一次做那种事，我忘了决定停下的那个人到底是她还是我，坦白讲，我真的不记得了。"

"我懂。"我语气温和地说。

"从那以后，我就开始恨她。大概从13岁开始，我就不再让她触碰我了，我甚至不想听到她的声音。在我21岁前，我们都住在一个公寓里，但不到万不得已的时候，我连话也不和她说。在搬走后开始的三四年里，我偶尔还会回去，不过不是惦记着她，有时候只是为了吃一顿免费的饭菜。从那之后，我就没回去过了。在过去的四年里，我既没见过她，也没跟她说过话，连信都没写过。她甚至不知道我住在哪里，而我连她是死是活都不知道。"

说完这些，佩特里不再说话，脸上有些悲伤，也有些卸下重担后的轻松。

"所以说，这个梦让你想到了已经被自己遗忘的、和母亲之间的性关系。"

"不能说我是真的遗忘了。"佩特里回答道，"我一直都知道那些事，但是好像从不会想起。在过去的这么多年里，这件事似乎一直都藏在我的脑后，但出于某些原因，我希望它一直藏在脑后。可这不代表我记不起了，只是我不愿去想。"

佩特里无奈地叹了口气，接着说道："但就算我不愿去想，可我还是感觉，它在很大程度上影响了我的生活。我很确定的是，我之所以会离母亲那么远，很大程度就是因为这件事。还有，我之所以会来中西部地区，这也是一个重要原因，我想离她远点。"

"那现在，你的想法还和以前一样吗？"

"以前，我一直觉得母亲是邪恶的，我那么对她纯属是她活该。但是那天，听到了蕾切尔的咒骂，我才算看到了真正的邪恶。我想，母亲做的事和她并不一样，母亲的确伤害了我，但不是邪恶的。实际上，我今天早晨一直都在想，在过去的15年里，我对待她的方式是不是太恶劣了。而她只是默默承受着，从没反过来恨我。"

"所以，你打算怎么做？"

"所以，我想是时候该原谅她了。至少我应该去了解一下，她到底是个什么样的人，哪怕了解后我发现自己不喜欢她。可这么多年以来，我都没跟她说过话。也许我可以给她写信，然后看看她的反应。也许，我可以在今年夏天回去看看她，试着了解她是个什么样的人。"

我被他的话触动了。显然，一场真正的治愈正在进行着。

"佩特里，你之前觉得海瑟肮脏，并且一度认定她杀害了史蒂芬，是不是也和你母亲的事情有关系？"

佩特里露出惭愧的表情："大概是听到乔治娅说，海瑟用嘴抚慰了史蒂芬，这触动了我的敏感神经。我自动把她归入了邪恶的那一类，因为我母亲也那样做过，我觉得那是邪恶的。"

很多人都会出现这样的情况，心理学上将这种情况称为投射，比如一个曾被母亲忽视的男孩，会在长大后因为妻子的一次疏漏而大发雷霆，事情的起因很可能微不足道，他只不过是将对母亲的愤怒，投射到了妻子身上。对于这些人，唯一的治疗方式，就是让他们直面生活中的痛苦，并在痛苦中成长。对于佩特里而言，他对海瑟的态度，就是一种投射。

而他的其他特点——对于规矩的热爱，对于效率的急切，对于过去复杂环境的痛恨，甚至连他因为急切而说出了乔治娅的名字，全都缘于他内心的敏感。她恨母亲的逾矩，恨一切不按常规发生的事，他用恨去纠正过去的经历，必然会失控，因为由恨出发的所有情感，最后都只能继续演变成恨，终究无法变成爱。

好在他终于正视了自己的问题，并决定有所突破。

人们或多或少会拒绝成长，甚至还有像海瑟那样的病人——虽然有勇气寻求治疗，可进展的速度异常缓慢。而此刻，我感觉自己目睹了一次迅速而优美的跳跃，就像是欣赏芭蕾舞演员做出了高难度动作般愉悦。

我忽然感觉，这就是我成为心理医生的意义吧。

50.新生

海瑟把一封信扔到我的膝头，话里带着怒意："你看这个。"
我打开信，默默读着：

亲爱的海瑟：

我欠你一声抱歉，因为我曾怀疑是你杀害了史蒂芬·索拉里斯。我对你做的事很不公平，不仅因为我对你抱有严重误解，还因为这一定给你带来了很多不必要的伤害。对此我深感抱歉。

一直以来，我都在许多陈规之下苦苦生活。现在，它们中的一些已经开始离我远去。而我能肯定的是，我身上存在更多类似的东西，我甚至都还没意识到它们的存在。也许你能愿意帮助我，让我能够摆脱过去的生活。

我也很想知道，自己能否亲自对你说声抱歉，最好能通过一顿晚餐。可在那之前,我必须先提醒你:对于警探来说,我们必须取消生活中大约 10% 的社交活动。一旦出现紧急状况,我们随时可能会被一个电话叫去工作。虽然如此,可我还是想问:我能请你共进晚餐吗?希望你能打电话告诉我,家里和警局的电话都可以。

希望能尽快听到回音。

你忠诚而满怀歉意的
汤姆·佩特里

我把信递回给海瑟,她拿着信,一边气愤地说着"他可真有勇气,简直是太有勇气了",一边盯着我,似乎在等着我对于这件事的意见。

"我不太明白,你为什么生气。"

"你不明白?他拘捕过我,怀疑我杀死了史蒂芬,现在居然还有勇气约我出去。"

"他在信里已经明确道过歉了。"

"道歉是很廉价的。在对我做过那种事后,他转头就好意思约我出去!"

"可他看起来不像是那种自大的男人。"我忍不住替佩特里辩解着,"你打算怎么回复他呢?"

"我不会回复他。这都是他活该受的。"

我的心里有种感觉，此刻对于海瑟而言，是个难得的时机。我放下了手里的咖啡，对她说："海瑟，你之前总说自己摆脱不了轨迹，总是遇到烂男人，但现在，就有一个很不一样的好男人，他很有礼貌地向你提出约会请求。可你却想直接拒绝。没错，他对你是有过误解，但想想看，任何不熟悉护理院工作的警探，他们都可能会犯同样的错误。而且，他已经很聪明地纠正了错误，也很得体地认过错了。现在，你眼前就有这样一个机会。你之前说你一直在等待这样的机会，可你却想把它直接丢弃掉。"

"可是我不喜欢他，他对我做了很过分的事。"海瑟此刻说话的语气，就像个闹脾气的 4 岁孩子。

"你的直觉是不是告诉你，他是个坏男人？"

"没错。"海瑟马上赞同。

"但事实上，佩特里工作努力，而且非常聪慧。在得到新信息后，他也乐于反思自己的想法。在适当的时候，他也愿意向他人求助。在接受他人帮助后，他懂得感恩。在情况允许的时候，他对人也非常友善。此外，他还在不断地改变和成长。他的工作也很不错，是法律的捍卫者，而且事业方面显然也很有前途。你为什么会觉得他是个坏男人呢？"

"我，我不知道，"海瑟看起来有些生气，她转身向着门口走去，"你这是在为难我。"

"你连和真相共处一室的勇气都没有了吗？"

"这才不是真相。"她说着，却在门口停了下来。很明显，她在犹豫。

"你可以离开这里,海瑟。但我希望你明白一件事,一旦你走出这间房间,就等于牺牲了两个好男人。一个是佩特里,还有一个就是我,我是真的很想帮助你。"

海瑟"砰"的一声摔上了门。

我等了好久。我边等,便猜测科尔医生如果遇到这种情况,会如何处理。我看了看手表,默默地计算起时间,一股绝望感忽然涌上我的心头,我把前额抵在了办公桌上,默默祈祷,不仅为海瑟,也为我自己。不知过了多久,我忽然听到了门口传来一阵轻响,抬起头,看见海瑟站在门口。

"我回来了。"她笑着说。

我站起身来,注视着她的脸,然后,听到她一字一句地说:"我不能放弃。我确实想离开,可是我做不到。你是对的,放弃太不值得了。"

在我的注视下,她坐在了我对面的椅子上:"我想,我必须承认:我所遇到的男人,正是我自己的选择。现在,我准备改变我的选择,摆脱我以往的轨迹。"

"你打算怎么做?"

"我可能会答应和他共进晚餐。"

"这很好,不过亲爱的海瑟,我想提醒你,不要陷入一个新的轨迹,比如,不要刻意做那些与之前完全相反的事。"

海瑟笑了:"你说得对,我和自己的斗争恐怕还很漫长。但我会记得你们为我做的一切,你、科尔医生、西蒙顿夫人、格瑞丝夫人、乔治娅,还有……史蒂芬。"说到这里,她的眼圈有些发红，"从小我就觉得自己是不配被爱的，而你们让我知道了，我是被爱包围着的。"

海瑟起身离开时，我们不由自主地拥抱了一下，似乎在以此庆祝着某些事物的新生。

一周后，西蒙顿夫人做了两个决定，她开除了伯莎，因为她在值班时完全无法关注身边的情况，这有失一位护理人员的职责；同时，她结束了佩吉的试用期，正式录用了她。

麦克娅并没有提出辞职，她依然管理着威罗·格伦的行政事务，我想，她不会轻易放弃这里，因为这里有她亲手打造出来的规则，她不会就此放手。

乔治娅向肯尼斯和马琳道了歉，并且获得了他们的原谅。她现在已经搬进了格瑞丝夫人的房间，虽然位置不再靠窗，却比以往更加接近力量。

汉克决定要追求格瑞丝夫人，但是再也不会用之前的那种方法，他决定做个真正的绅士。

而佩特里那边，他发出了给母亲的第一封信，并且已经和海瑟约好了第一次约会的时间。海瑟在电话里声称要让他"体会一次为别人鞍前马后效劳的滋味"，对此，佩特里倒很是期待，他细心地记下了她的地址，说到时候会亲自接她吃晚餐。

海瑟不仅在感情上有了新进展，在职业上也有了新的想法。她最近在考虑，自己在做护士之外，是不是还有其他的选择。不过对于这一点，她还存在很多疑惑。

50.新生

还有一个消息，让我十分意外，科尔医生邀请西蒙顿夫人去他家吃饭，我猜测，他们除了朋友和战友之外，会不会发生些别的故事呢？

而我，也在思考着自己的未来，我想，我迟早会离开威罗·格伦，至于将来是留在科尔医生的诊所，还是去别的地方，我并不知道，只是希望之前那种偶然出现的朦胧的热情，今后还能与我相伴。

一切一如既往，但每天，又有可能与以往都不一样。

斯科特·派克
《少有人走的路》系列

《少有人走的路：心智成熟的旅程》（白金升级版）
[美]M. 斯科特·派克 著

全球畅销3000万册！凤凰卫视、《新京报》、《广州日报》、中央人民广播电台《冬吴相对论》等媒体强力推荐！或许在我们这一代，没有任何一本书能像《少有人走的路》这样，给我们的心灵和精神带来如此巨大的冲击。本书在《纽约时报》畅销书榜单上停驻了近20年的时间，创造了出版史上的一大奇迹。

《少有人走的路2：勇敢地面对谎言》（白金升级版）
[美]M. 斯科特·派克 著

在逃避问题和痛苦的过程中，人会颠倒是非，混淆黑白，变得疯狂和邪恶。所以，邪恶是由颠倒是非的谎言产生的。勇敢地面对谎言，就是要让我们勇敢地面对真相，不逃避自己的问题，承受应该承受的痛苦，承担应该承担的责任。唯有如此，我们的心灵才会成长，心智才能成熟。

《少有人走的路3：与心灵对话》（白金升级版）
[美]M. 斯科特·派克 著

每个人都必须走自己的路。生活中没有自助手册，没有公式，没有现成的答案，某个人的正确之路，对另一个人却可能是错误的。人生错综复杂，我们应为生活的神奇和丰富而欢喜，而不应为人生的变化而沮丧。生活是什么？生活是在你已经规划好的事情之外所发生的一切。所以，我们应该对变化充满感激！

《少有人走的路4：在焦虑的年代获得精神的成长》
[美]M. 斯科特·派克 著

在《少有人走的路：心智成熟的旅程》中，作者强调的是"人生苦难重重"；在《少有人走的路2：勇敢地面对谎言》中，则说的是"谎言是邪恶的根源"；在《少有人走的路3：与心灵对话》中，作者又补充道"人生错综复杂"；而在这本书中，作者想进一步说明"人生没有简单的答案"。

斯科特·派克
《少有人走的路》系列

《少有人走的路5：不一样的鼓声（修订本）》
[美]M. 斯科特·派克 著

在《少有人走的路5：不一样的鼓声》中，斯科特·派克一针见血地指出，如果一个群体不能接纳彼此的差异和不同，不能聆听不一样的鼓声，那么人与人之间就不敢吐露心声，很难建立起真诚的关系。不真诚的关系是心理疾病的温床，而真诚关系则具有强大的治愈力。

《少有人走的路6：真诚是生命的药》
[美]M. 斯科特·派克 著

作为享誉全球的心理医生，派克在本书中，以贴近生活的故事，展现了真诚对人类产生的巨大作用。书中涉及家庭教育、婚姻关系、职业等多个方面。阅读这本书，能帮助我们学会运用真诚的力量，也将为我们的认知带来重大改变。

《少有人走的路7：靠窗的床》
[美]M. 斯科特·派克 著

本书是心理学大师斯科特·派克的一次伟大尝试，他将亲历过的经典案例，变成一个个特点鲜明的人物，并借由一桩凶杀案，让人性的不同侧面在同一空间下彼此碰撞，最终形成了精彩纷呈的心理群像。这是一部惊心动魄的小说，更是一本打破常规的心理学著作。

《少有人走的路8：寻找石头》
[美]M. 斯科特·派克 著

心理学大师斯科特和妻子克服重重困难，在英国展开了一场发现之旅。他们一边破解着史前巨石的秘密，一边进行着心灵的朝圣，斯科特深情回顾了自己的一生，并以其特有的心理学视角，深入解读了关于金钱、婚姻、子女、信仰、健康与死亡等重要命题，给读者提供了审视世界的全新思路。